あたらしい
アンチエイジング
スキンケア

食事　入浴　運動　睡眠
からのアプローチ

資生堂
江連智暢 [著]
Tomonobu Ezure

日刊工業新聞社

はじめに

　皮膚は見た目の印象を決める重要な組織です。明るく、潤いのある「健やかな皮膚」は、健康的な若々しい印象を与えます。暗く、荒れた皮膚は不健康な印象を与えます。皮膚はまた、体を外側から包み込み、体の形を維持しています。そのため、加齢や紫外線などの影響で、皮膚の状態が悪化すると、体の形を保てなくなります。頬はたるみ、顔の輪郭は曖昧になり、シワも深く刻まれて、老けた印象を与えます。このように、皮膚はその状態により、見た目の印象を大きく左右しています。

　「皮膚を健やかにする」ことで健康的で、若々しく、魅力的な印象を手に入れる、そのための手段が「スキンケア」です。これまで多くのスキンケア製品が開発されてきました。皮膚に潤いを与える化粧水、潤いを保つ乳液やクリームなどです。それらは女性の皮膚を美しくすることに、大きく貢献してきました。

　科学が発展するとともに、皮膚に関して様々な発見が行われ、それをもとに様々な成分が開発されて、スキンケア製品は大きく進化してきました。これに関しては「顔の老化のメカニズム　たるみとシワの仕組みを解明する」（日刊工業新聞社　2017）に詳細に記載させていただきました。

　最近では美容意識の高まりとともに、皮膚に対する様々なアプローチが行われるようになってきました。そのため、スキンケアはもはや皮膚に直接乳液やクリームを塗るだけではなく、大きな広がりを見せています。

　一方で、こうした新たなスキンケアの情報は、メディアに溢れ、本質的な情報を得ることがかえって難しくなっています。また、何を、どのように実施すれば効果的なのか、科学的にしっかりとした根拠を知るには、専門分野の論文をひもとく必要があります。情報が断片的で、全体像が見えにくい、といった声も聞かれます。そのため、この新たなスキンケアについて、わかりやすく解説した体系的な書籍が必要と感じてい

はじめに

ました。

　著者は、アンチエイジングスキンケアが発展する前から、この領域に携わってきました。研究を始めた頃、シワや皮膚のたるみ等の定義も曖昧で、評価法を設定するところから始める必要がありました。そして皮膚の物理的な性質（弾力や柔かさ）や、皮膚を構成している物質（コラーゲンやヒアルロン酸）の状態を様々な方法で計測し、たるみやシワの原因を明らかにしてきました。さらに、明らかになった原因に対して色々なアプローチを行い、たるみやシワの改善効果を検討してきました。その中で日々アップデートされる最近の皮膚への多様なアプローチに関して、研究開発の最前線で様々な角度から検証を続けてきました。このような知識と経験を基に、大きな広がりを見せるアンチエイジングスキンケアを、お伝えしたいと考えていました。

　研究開発を進める中で、見た目の老化は、「肥満」や「不活動」等により進行することを、明らかにしてきました。また「糖化」が見た目の老化に関係することもわかってきました。これらは「生活習慣病」と共通した原因です。そのため見た目の老化は、「生活習慣病的な現象」と捉えることができます。見た目の老化は、病気ではありませんが、本人の精神的な満足度を、著しく低下させる場合もあります。また、このような考え方をすることで、見た目の老化を防ぐための糸口が見えてきます。その糸口とは、「生活習慣」です。

　「食事」「入浴」「運動」「睡眠」といった生活習慣は、見た目の老化の進行に密接に関連しています。そのため、これら生活習慣の質を改善することは、見た目の老化のリスクを減らすことに繋がります。また最近では、生活習慣に関する研究が発展し、心身の状態を大きく改善し得る多くの発見がなされています。そのため生活習慣は、アンチエイジングスキンケアの重要な基点となってきました。本書では、このような広がりを見せる、アンチエイジングスキンケアの世界をお伝えしていきます。

　スキンケアは多くの方が興味を持つ領域です。本書では、研究開発に

限らず、広く化粧品・美容に携わる方々にもご理解いただけるよう、できるだけわかりやすい文章で記載しました。また、正確な情報を伝えるためにも、科学的な根拠を示す出典を詳細に記載しています。

　また本書では、広がりを見せるスキンケアのアプローチについて、「皮膚を健やかにすることで、若々しく、魅力的な印象を手に入れる」、という共通の目標に向かって解説していきます。そのためにはまず皮膚について知る必要があります。第1章では皮膚について必要な知識をまとめました。また皮膚老化についても概説しています。この知識を基に、第2章以後に進んでいただくことで、それぞれが目指すことや、必要性をしっかりと理解できると思います。また必要に応じて、第1章に戻って確認できるように、その都度、関連項目等を記載しました。第2章以後では、スキンケアの新たなアプローチを、詳細に解説しています。できるだけ多くの図版を用いて、広範囲な知見も、感覚的に捉えやすいようにしています。

　本書は多様な広がりを見せるアンチエイジングスキンケアの世界にフォーカスした内容です。一方で著者の前著「顔の老化のメカニズム　たるみとシワの仕組みを解明する」は老化の原因にフォーカスした内容です。新たなスキンケアの必要性、必然性をより詳しく知りたい方は、「顔の老化のメカニズム」をご参照いただければと思います。

　本書が、皆様のスキンケアへの興味や理解を深めること、新たなスキンケアを実践すること、さらにはより有用なスキンケアを探索することの一助になれば、この上ない喜びです。

2018年8月

江連　智暢

目次

はじめに …………………………………………………………………………… i

第1章 顔の老化の実態とスキンケアの現状

1-1 顔の老化の実態 …………………………………………………… 2
1）たるみ・2／2）シワ・3

1-2 皮膚の機能と構造 ………………………………………………… 5
1）皮膚の機能・6／2）皮膚の構造・6

1-3 顔の老化のメカニズム …………………………………………… 12
1）顔の老化の要因：従来の知見・12／2）顔の老化の要因：新たな知見・14

1-4 アンチエイジングスキンケア …………………………………… 18
1）従来のアンチエイジングスキンケア・18／2）新たなアンチエイジングスキンケア・19

第2章 食事

2-1 タンパク質（Protein） …………………………………………… 24

2-1-1 栄養素としてのタンパク質 ………………………………… 24
1）タンパク質とは・24／2）タンパク質の吸収・24／3）タンパク質の摂取量・26

2-1-2 機能性タンパク質、機能性ペプチド、機能性アミノ酸 … 28
1）機能性タンパク質・28／2）機能性ペプチド・30／3）機能性アミノ酸・32

2-2 脂質（Lipid） …………………………………………………… 34

2-2-1 栄養素としての脂質 ………………………………… 34
1）脂質とは・34 ／ 2）脂質の摂取量・35 ／ 3）脂質の吸収・35 ／ 4）脂肪の貯蔵・37 ／ 5）脂質の分解・37

2-2-2 脂質の新たな機能 ………………………………… 38
1）オメガ脂肪酸（ω脂肪酸）・38 ／ 2）中鎖脂肪酸・41 ／ 3）短鎖脂肪酸・43 ／ 4）トランス脂肪酸・45 ／ 5）共役リノール酸・46

2-2-3 脂質の吸収を抑えるには ………………………… 48
1）脂肪の吸収阻害・48 ／ 2）脂肪代替食品・49 ／ 3）吸収、代謝経路の異なる脂質・51 ／ 4）脂肪の炭水化物への置換・51

2-3 炭水化物（Carbohydrate） ………………………………… 52

2-3-1 栄養素としての炭水化物 ………………………… 52
1）炭水化物とは・52 ／ 2）炭水化物の吸収・53 ／ 3）炭水化物の摂取量・54

2-3-2 炭水化物の新たな機能 …………………………… 54
1）食物繊維とは・55 ／ 2）レジスタントスターチ・55

2-3-3 炭水化物の吸収を抑えるには …………………… 57
1）糖質の分解の阻害・58 ／ 2）糖質の吸収の阻害・58

2-4 保健機能食品 …………………………………………………… 59

2-4-1 保健機能食品とは ………………………………… 59
1）特定保健用食品・60 ／ 2）栄養機能食品・60 ／ 3）機能性表示食品・60

第3章　入浴

3-1 成分的効果 ……………………………………………………… 66
1）皮膚表面への効果・66 ／ 2）肌内部への効果・67 ／ 3）温泉の効果・68

3-2 物理的効果 ……………………………………………………… 76
1）圧力、浮力・77 ／ 2）ヒートショックプロテイン・78 ／ 3）温度センサー・79 ／ 4）脂肪組織への影響・80 ／ 5）入浴の皮膚への効果・81

3-3 心理的効果 ……………………………………………………… 82

第4章　運動

4-1　エクササイズ ································· 86

　1)エクササイズとは・86／2)骨格筋・86／3)エクササイズの種類・88／4)マイオカイン・89／5)脂肪組織・91／6)骨組織・93／7)カロリー制限・95／8)エピゲノム・96／9)エクササイズの皮膚への効果・98

4-2　マッサージ ···································· 98

　1)マッサージとは・98／2)マッサージが細胞に与える影響・99／3)感覚受容器によるマッサージ刺激のセンシング・101／4)マッサージ刺激の伝達・104／5)マッサージ刺激がホルモン分泌に及ぼす影響・105／6)マッサージの皮膚への効果・105

4-3　ストレッチ ··································· 106

　1)ストレッチとは・107／2)急激なストレッチに対する反応・107／3)ゆっくりとしたストレッチに対する反応・108／4)ストレッチの皮膚への効果・109

第5章　睡眠

5-1　睡眠と身体の状態 ···························· 112

　1)睡眠の種類・112／2)睡眠とホルモン・113／3)睡眠と肥満・114／4)老化と睡眠・114／5)睡眠と皮膚・115

5-2　良質な睡眠をとるには ······················ 116

　1)生活習慣からのアプローチ・116／2)成分によるアプローチ・121

5-3　サーカディアンリズム（概日リズム） ········ 123

　1)サーカディアンリズムと体内時計・124／2)体内時計の変調・125／3)睡眠と体内時計・126／4)時計遺伝子・127／5)体内時計の調節・128／6)体内時計と皮膚・131

参考図書・引用文献 ·································· 132
索　引 ·· 141

第 1 章

顔の老化の実態とスキンケアの現状

　加齢とともに顔の外観は大きく変化する。額には深いシワが刻まれ、頬はたるみ、フェースラインは曖昧となる。こうした変化は多くの女性の悩みとなり、それに対するスキンケアの開発が盛んに行われている。ここでは、スキンケアを理解する上で必要な基礎知識として、顔の老化の実態、顔の皮膚の機能と構造、顔の老化の原因、それに対するスキンケアの現状を見ていく。

第1章 顔の老化の実態とスキンケアの現状

1-1 顔の老化の実態

> 加齢に伴う顔の形状変化は、大きく「たるみ」と「シワ」に分けられる。重力により皮膚が下垂した状態がたるみであり、表情や動きにより皮膚が変形してできる溝状の構造がシワである。

1）たるみ

　たるみは重力により、皮膚が下垂した状態のことである。**図1-1**に頬と目の下のたるみを示した。頬では頬の上部、下部、外辺部の3カ所でたるみが発生し、その間にはたるみが少ない場所が存在する。

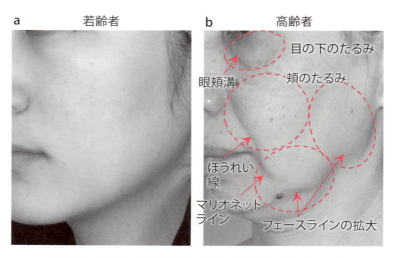

図1-1　加齢に伴う顔の形の変化（頬と目の下のたるみ）

a）若齢者では顔の形状は滑らかである。b）高齢者では頬や目の下がたるんでいる（点線で囲った各部位）。頬は上部、下部、外辺部と3つのエリアでそれぞれたるみが進行する。たるみにより眼頬溝、ほうれい線、マリオネットラインが形成され、フェースラインが曖昧となる。

たるみが起きると、たるみが少ない場所との間に歪みが生まれる（**図1-2**）。例えば、頬の上部がたるむと、たるみの少ない口周辺との間で歪みが生じ、境界線ができる。これが「ほうれい線」である。同様の変化は頬の下部にも起きて、「マリオネットライン」が形成される。また目の下のたるみにより、「眼頬溝」（図1-1）が形成される。

図1-3に上まぶたのたるみを示した。若齢者では目の輪郭は明確で、上まぶたも高い位置に有り、黒目の大部分が見えている。これに対して、高齢者では上まぶたがたるんで下がることで、目の開きが小さくなり、目尻にまぶたが被さった形状も見られる。

このようにたるみは、様々な顔の形の変化を引き起こす。

2）シワ

シワは表情や動きに伴い、皮膚に現れる溝状の形状のことである。**図1-4**に加齢とともに顔面に現れるシワを示した。表情を創出すると、皮膚がよれて一時的なシワが形成される。これが繰り返されて、次第に皮

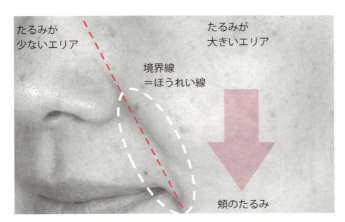

図1-2 たるみによるほうれい線の形成

重力により頬が大きくたるむと、たるみの少ない口周辺との間に形の歪みが生じる。これがほうれい線である。このようにほうれい線は深く刻まれたシワではなく、たるみにより作られた境界線である。実際、姿勢を変えて、重力の方向を変えると、たるみが軽減され、ほうれい線も消失する。

第1章 顔の老化の実態とスキンケアの現状

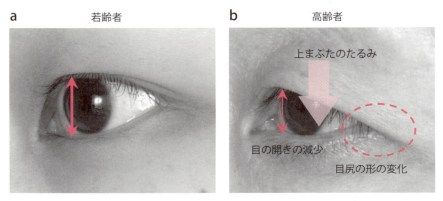

図1-3 加齢に伴う顔の形の変化（上まぶたのたるみ）
若齢者では目の輪郭が明瞭で、上まぶたが高い位置にある。これに対し高齢者では、上まぶたがたるみ（下垂し）、目の開きが減少し、目尻に上まぶたが覆い被さる（点線で囲った部分）。

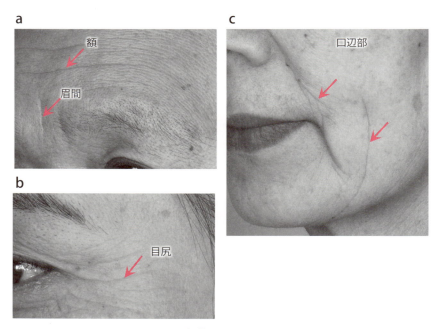

図1-4 加齢に伴うシワの形成
加齢により顔面では、a）額、眉間、b）目尻、c）口の周りにシワ（矢印）が形成される。

膚に定着して、深く刻まれたシワとなる。
　加齢や紫外線により皮膚の弾力が失われることは、シワの定着を促進する大きな要因である。目を大きく開く表情により額にシワが現れ、眉をひそめる表情により眉間にシワが形成される。また笑顔により目尻や、口の周りにシワが形成される。

1-2　皮膚の機能と構造

> 皮膚は体の表面を覆う全身で最大の臓器である。最外層から表皮、真皮、皮下組織で構成される（図1-5）。また顔面の皮下組織には表情筋が存在し、その活動により表情が創出される。

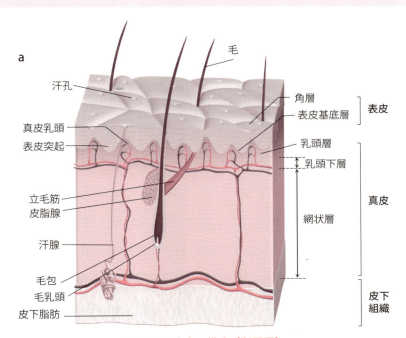

図1-5　皮膚の構造（断面図）

皮膚は最外層から、表皮、真皮、皮下組織の3層で構成される。皮膚には毛包、皮脂腺、汗腺、立毛筋等の付属器官や、血管、リンパ管、神経線維が存在する。

1)皮膚の機能

表1-1に皮膚の主な機能を示した。皮膚は外部環境から生体を保護するバリアとしての機能と、生体の恒常性を維持する機能の2つの機能を持つ。

化学物質や病原菌の侵入は、主に表皮層のバリア機能により防御される。また変形や衝突といった物理的な刺激は、主に弾力のある真皮層やクッション性の高い脂肪層により防御される。

また皮膚は、生体の恒常性の維持にも機能する。皮膚表面からの放熱、皮下脂肪による保温効果により、体温を一定に維持する。さらに、主に表皮層の構造が、水分の蒸散による乾燥を防止する。皮膚の形状を保ち、内部の組織が突出しないように保持するのは、弾力性のある真皮層である。

2)皮膚の構造

①キメ

皮膚の表面には細かい溝が存在し「キメ（micro-relief）」と呼ばれる（図1-6）。キメは「皮溝（sulcus cutis）」と「皮丘（crista cutis）」で形成され、皮膚の伸縮に備えた「伸びしろ」として機能する。

皮膚の主な機能	役割	目的
バリア機能	化学的な刺激からの保護	物質の侵入の防止
	生物的な刺激からの保護	病原菌等の侵入の防止
	物理的な刺激からの保護	紫外線や衝突からの内部組織の保護
恒常性の維持	体温の維持	放熱、保温
	乾燥の防止	水分の保持
	形状の保持	皮膚の定位、内部組織の突出の防止

表1-1 皮膚の機能

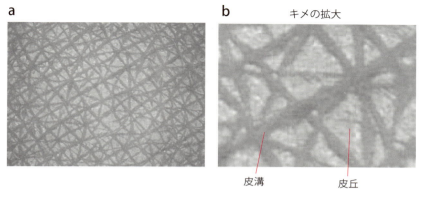

図1-6 キメ

a）20代女性の上腕（非露光部）の肌表面のキメ。b）キメの拡大写真。キメは皮溝と皮丘で形成される。

②表皮層

　図1-7に表皮層の構造を示した。最下層の基底層で分裂した「角化細胞」が、「有棘層」、「顆粒層」の細胞に変化し（分化）、細胞核が抜け落ちて（脱核）、「角層細胞」となる（角化）。角層の細胞は最外層に達すると剥がれ落ちる。この一連の過程は「ターンオーバー」と呼ばれ、6週間をかけて行われる。

　角層では細胞と細胞の間を、「細胞間脂質」が満たしている（図1-8）。そこではセラミドが何層にも重なり、その間に水分を蓄えている。この構造により、皮膚が水分を逃さないように保持できる。細胞の内部では多量のケラチン線維が細胞に強度を与え、また天然保湿因子（Natural Moisturizing Factor：NMF）が、水分の保持に機能する。また角層では表皮細胞の細胞膜は、コーニファイドエンベロップという強固な構造となっている。

　表皮層の最下部には「基底膜」が存在する（図1-7）。基底膜は表皮細胞の足場となり、また表皮層を真皮層に繋ぎ止める。さらに表皮層と真皮層の間の物質の交換を制御する。

第１章　顔の老化の実態とスキンケアの現状

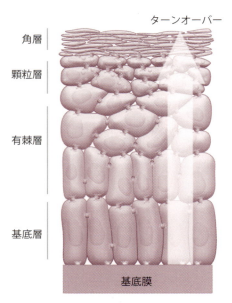

図 1-7　表皮の構造

表皮は最外層から角層、顆粒層、有棘層、基底層の４層で構成される。基底層で分裂した角化細胞が分化して形を変え、最外層に達し、剥離する。この一連の過程をターンオーバーと呼ぶ。

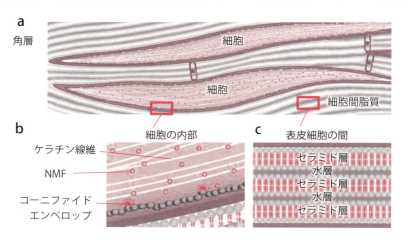

図 1-8　角層の構造

a）角層の構造。b）細胞の内部はケラチン線維が満たし、天然保湿因子（NMF）が存在する。細胞膜はコーニファイドエンベロップと呼ばれる強固な構造となっている。角層では細胞の核が脱落し（脱核）、核が存在しない。c）角層では細胞と細胞の間は細胞間脂質が満たしている。そこではセラミドが何層にも重なり、その間に水を蓄えている。

③真皮層

　表皮層は真皮層に陥入し、乳頭構造を形成する（**図1-9**）。表皮層と接する真皮の上部は、「乳頭層」と呼ばれ、比較的細いコラーゲン線維で構成されている。その下部に太いコラーゲン線維で構成される「網状層」が存在する。

　真皮層はコラーゲン、ヒアルロン酸、弾力線維といった「細胞外マトリックス」で満たされている（**表1-2**）。真皮を構成する主要な細胞は線維芽細胞で、細胞外マトリックスを産生、分解することで、真皮の状態を制御する。

④皮下脂肪

　真皮の直下には「皮下脂肪層」が存在する（図1-5）。皮下脂肪は、摂取された余剰のエネルギーを脂肪の形で細胞内に貯蔵する。こうして貯蔵した脂肪により、外界や皮膚内部からの変形や衝突といった物理的

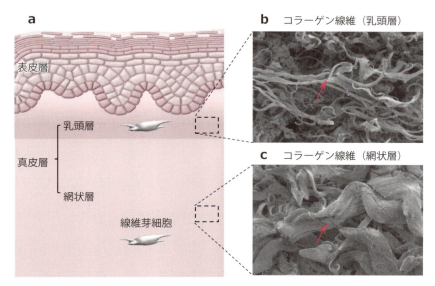

図1-9　真皮層

a）皮膚の構造。真皮層は表皮直下の乳頭層と、その下部の網状層で構成される。網状層の下部は皮下脂肪である。b）乳頭層のコラーゲン線維。c）網状層のコラーゲン線維。網状層は、乳頭層に比較して太いコラーゲン線維で構成されている。

線維性タンパク質	コラーゲン線維	Ⅰ型コラーゲン
		Ⅲ型コラーゲン
		Ⅴ型コラーゲン
	弾性線維	エラスチン
		フィブリリン 1,2
		フィブリン 5
基質	グリコサミノグリカン（ムコ多糖）	ヒアルロン酸
		デルマタン硫酸
		コンドロイチン硫酸
		ケラタン硫酸
		ヘパリン
		ヘパラン硫酸
	プロテオグリカン	バーシカン
		デコリン
		アグリカン
		シンデカン
		パールカン
		フィブロモジュリン
	糖タンパク質	フィブロネクチン
		ラミニン

表1-2　真皮を構成する成分（細胞外マトリックス）

な刺激を吸収し、皮膚内部の保護に機能する。また体内の熱を外界に逃さないように、保温機能を有している。

⑤顔面の筋肉

表情筋

　顔面では皮下脂肪層の直下に「表情筋」が存在する（**図1-10**）。表情筋は横紋筋（おうもんきん）の一種である。表情筋の末端の一部は、真皮に結合している。そのため、表情筋は収縮することで皮膚を牽引し、表情を創出する。顔面には30を超える表情筋が存在する。

咬合筋

　顔面には、顎を上下する「咬合筋（こうごうきん）」が存在する。これは上顎と下顎を繋ぐ骨格筋である。口の開閉や、歯を噛み合わせる際に機能する。

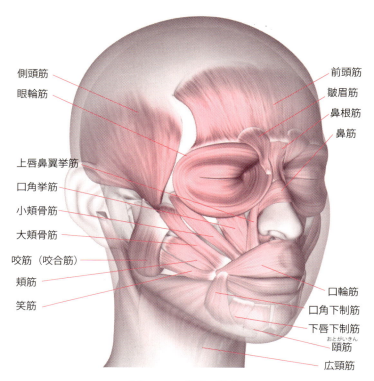

図1-10　顔面の筋肉

⑥付属器官

皮膚にはいくつかの付属器官が存在する（図1-5）。

皮脂腺：皮脂腺は毛包に付属して存在し、皮脂を産生する。皮脂は毛穴を通して皮膚表面に達してこれを覆い、水分の蒸散を防ぐ。また角層に柔軟性を与えるとともに、外界からの物質の侵入を防止する。

汗腺：汗腺は分泌部で産生された汗を、導管を通して皮膚表面に分泌する。顔面にはエクリン汗腺が存在し、皮膚表面に直接開口する。腋下等にはアポクリン汗腺が存在し、導管は毛穴部に開口する。

毛包：顔面の皮膚には毛包が存在する。また毛包には、寒冷時等に毛を逆立たせる立毛筋が付着する。

第1章 顔の老化の実態とスキンケアの現状

1-3 顔の老化のメカニズム

　顔が老けて見える主な要因は、皮膚がたるむこと、シワが刻まれることである。これらは、従来表皮の乾燥や、紫外線による皮膚ダメージが原因と考えられてきた。しかし最近では、皮下脂肪の増加や、表情筋機能の低下、タンパク質の糖化など、新たな要因が明らかになってきた。ここでは、たるみやシワを引き起こす皮膚や皮下組織の変化と、その原因を、従来の知見と最近の知見別に見ていく。

1）顔の老化の要因：従来の知見

①真皮の状態の変化

　加齢に伴い皮膚は弾力を失う（図1-11）。皮膚の弾力は、主に真皮層が生み出している。これは真皮層の大半を占める細胞外マトリックスが、変形に対応して伸縮することによる。この細胞外マトリックスの状態は、加齢とともに悪化する。真皮の成分が質的に変化することで、皮膚の弾力性が低下し、たるみやシワに繋がる。加齢に加え、紫外線により、真皮の状態は悪化する。

　紫外線は、加齢に伴う皮膚状態の悪化を加速する（図1-12）。紫外線の中で、波長の短いB波（UVB：280 nm-320 nm）は、表皮層で散乱吸収される。UVBは、表皮細胞からの分解酵素や炎症性因子（サイトカイン）の分泌を引き起こす。これが真皮層に達して、炎症反応が誘導されて、真皮の状態が悪化する。さらに、真皮の線維芽細胞から、コラーゲンを分解する酵素や基底膜を分解する酵素が産生されて、基底膜の分解が起きる。基底膜は表皮層の土台であり、これが障害を受けることで表皮の状態が悪化する。

　波長の長いA波（UVA：320 nm-400 nm）は真皮の上層まで到達し、

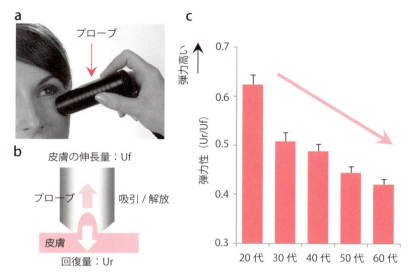

図1-11 加齢に伴う皮膚の弾力性の低下
a）皮膚の弾力性はキュートメーター（Cutometer）にて計測する。b）皮膚にプローブを当て、皮膚を吸引した際の伸長量（Uf）と、皮膚を解放した際の回復量（Ur）からUr/Ufを求め、皮膚の弾力性の指標とする。c）皮膚の弾力性は加齢とともに低下する（女性被験者の頬上部の弾力性を6mm径のプローブにて計測）

線維芽細胞のDNAにダメージを与え、機能低下を引き起こすとともに、炎症性因子やコラーゲンを分解する酵素（マトリックスメタロプロティナーゼ1：MMP1）の産生を誘導する。さらに線維芽細胞からは、異常な弾性線維が産生されて、真皮に蓄積し、真皮の状態が悪化する。

②表皮の状態の変化

加齢に伴い表皮層がどのように変化するかに関しては、十分に定まった結論はない。顔面では一般に表皮層が薄くなり、角層が厚くなるという考え方が支持されている。表皮層を構成し、水分の保持に機能する成分（前述の細胞間脂質やNMF）の加齢変化もまた、十分に定まっていない。

皮膚は乾燥することで、柔軟性が低下し、表情等による変形に対して脆弱になり、シワの定着に繋がる。加齢と乾燥との関係も諸説あるが、一般に高齢者の皮膚では、乾燥が認められる傾向にある。また、顔は日

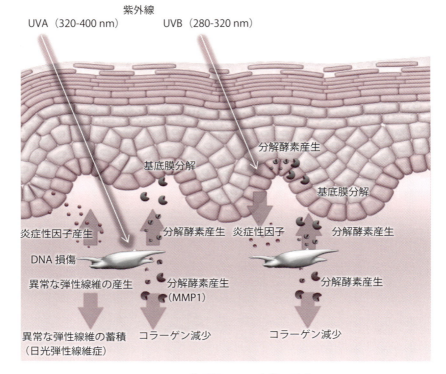

図1-12　紫外線による皮膚の障害

光にさらされる部位であり（露光部位）、顔面の表皮の加齢変化に、紫外線が深く関与していると考えられている。

2）顔の老化の要因：新たな知見

①タンパク質の糖化

血糖値が高い人ほど、見た目年齢が高い[1]。そのため糖によるストレスは、見た目の老化を進める大きな要因と考えられている。これにはタンパク質の糖化が関係している。

「糖化」は、タンパク質に糖が反応し、その後いくつかの反応を経て、タンパク質最終糖化生成物（advanced glycation end products：AGEs）が形成される過程を指す（**図1-13**）。糖化によりタンパク質の質的な変

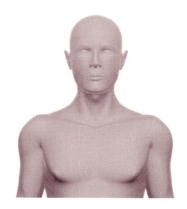

血糖値の上昇
↓
タンパク質の糖化
・弾性線維の糖化
・最終糖化生成物（AGEs）による炎症
↓
皮膚物性低下
↓
見た目の老化

図1-13　糖化ストレス

化が起きる。真皮の弾性線維は、皮膚に弾力性を与えるタンパク質の複合体であるが、加齢に伴い、真皮の弾性線維の糖化が進行する。

また糖化は、最終生成物であるAGEsを介して、組織障害をもたらす。これは、AGEsが細胞表面に存在するAGEs受容体（receptor for AGEs：RAGE）に作用することで、炎症反応を引き起こすことによる。

食後の血糖値の増加と、その時間の持続は、組織が高い濃度の糖にさらされるため、糖化が進行する大きな要因と考えられている。そのため、血糖値をコントロールすることは、アンチエイジングスキンケア上、極めて重要な課題となる。

②真皮の構造の変化

顔面（露光部）では、加齢に伴い真皮が薄くなる（計測法により異なる報告もある）（図1-14）。また、真皮の下部には、真皮を皮下にしっかりと繋ぎ止めるアンカー構造が存在する[2]（図1-15）。アンカー構造は、加齢に伴い減少し、真皮を皮下に繋ぎ止める力が低下する。さらに加齢に伴い、真皮の下部が欠損して皮下脂肪に置き換わる「真皮の空洞化現象」が起きる。皮下脂肪は弾力性に乏しいため、空洞化が進むことで、皮膚の弾力性が低下する。

こうした真皮の構造の変化により、皮膚が顔の形を支えることが困難になり、たるみやシワが発生する。

第1章 顔の老化の実態とスキンケアの現状

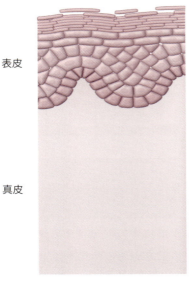

図1-14 顔面の皮膚の加齢変化

加齢により表皮層（角層を除く）は薄くなり、また表皮突起が減少し、表皮と真皮の乳頭構造（凹凸）が平坦化する。真皮層では、各種コラーゲン線維が減少し、異常な形状をした弾性線維が蓄積する。またヒアルロン酸も減少する（＊異なる計測法では減少しない、という報告もある）。また弾性線維に糖が付加する糖化が認められる。さらに真皮全体の厚さが減少し、真皮の下部の欠損（空洞化）とアンカー構造の減少が認められる。

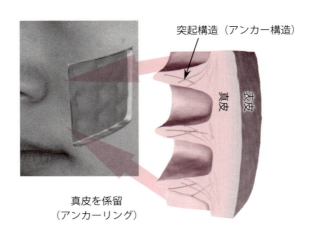

図1-15 真皮のアンカー構造

③皮下脂肪の増加

真皮と皮下脂肪は、直接接している。皮下脂肪は、隣接する真皮の状態をコントロールしている（**図1-16**）。

肥満により皮下脂肪の量が増えると、脂肪細胞は過剰な脂肪を蓄積して肥大化する。肥大化した脂肪細胞は、真皮にダメージを与える因子を分泌し（パルミチン酸）、真皮の状態が悪化する[3]。これにより真皮の弾力性が低下し、皮膚がたるむ。

一方で、皮下脂肪が少ない状態では、脂肪細胞は小型である。この小型の脂肪細胞は、アディポネクチンを分泌する。アディポネクチンは真皮の線維芽細胞に作用し、コラーゲンやヒアルロン酸の産生を促進する[4]。これにより、真皮は弾力性の高い状態で維持される。

実際に、皮下脂肪が多い人ほど、皮膚の弾力性が低く、たるみが大きい[5]。このように、皮下脂肪の増加、つまり肥満は、たるみの原因となっている。

④表情筋機能の低下

筋肉は、負荷の無い状態が続くと、その機能が低下する。また加齢により、しだいに筋肉の機能は低下する。顔面には様々な表情筋が存在す

 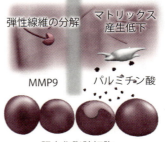

図1-16　皮下脂肪組織による真皮の状態の調節機構

るが、その機能が低下することで、たるみが発生する[6]。

　表情筋は、表情を創り出す筋肉である。表情を創り出す機会が少なくなると、表情筋の機能は低下する。現代のインターネットの発達した環境は、直接的なコミュニケーションの機会を減少させているため、表情筋の機能低下を促進する要因と考えられる。

1-4　アンチエイジングスキンケア

> 　従来のアンチエイジングスキンケアでは、「悪化した表皮や真皮の状態」をターゲットとして、紫外線の防御、乾燥の防止や、それに関連する有効成分の塗布が行われてきた。これに対し、たるみやシワの原因が解明されることで、「肥満」、「糖化」、「不活動」など、生活習慣に関連する新たなターゲットが明らかになってきた。そのため、スキンケア手段として、生活習慣に基づいた様々なアプローチが可能となってきた。

1）従来のアンチエイジングスキンケア

①紫外線の防御

　紫外線の防御には、紫外線吸収剤や散乱剤が有用である。また紫外線により発生するラジカルは、皮膚に酸化障害をもたらす。そのため、ラジカル消去剤や、ラジカルによる酸化反応の抑制を狙った抗酸化剤が用いられている。また、紫外線により炎症反応が引き起こされることから、抗炎症作用を持つ成分が活用されている。

②乾燥の防止

　表皮の乾燥を防ぐために、保湿剤（グリセリン、ポリエチレングリコール、トレハロース等）の塗布が有用である。また、皮膚表面を皮膜で覆い、水分の蒸散を防ぐ目的で閉塞剤（ワセリン、ワックス等）が用

いられる。角層では、NMF、細胞間脂質が水分の保持に機能している。そのため、類似した成分を含む、乳液や化粧水の開発が行われている。
③**有効成分の塗布**

　ヒアルロン酸は、表皮層で水分を保つ働きをしている。僅か１ｇのヒアルロン酸が、６Ｌもの水分を保持する。そのため、表皮中のヒアルロン酸量を増加させることで、表皮層に柔軟性を与え、シワを改善することが可能となる。このような作用を有するレチノールが、シワの改善を目的として用いられている。

２）新たなアンチエイジングスキンケア

　従来、見た目の老化は、加齢に加え、乾燥や紫外線といった「生活環境」に関連する要因で、進むと考えられていた（**図1-17**）。これに対して、最近では肥満、糖化、不活動（筋機能の低下）等、「生活習慣」に関連する要因が、関係することが明らかになった。これらは生活習慣病の要因と共通する要因である。

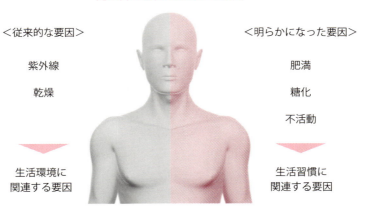

見た目の老化：生活習慣病的な現象

図1-17　明らかになってきた見た目の老化要因の全貌

厚生労働省は生活習慣病を「食事や運動・喫煙・飲酒・ストレス等の生活習慣が深く関与し、発症の原因となる疾患の総称」としている。見た目の老化は、病的な状態ではない。しかし、本人のQOL（クオリティオブライフ：精神面まで含めた生活の質）を低下させる点を考慮すると、見た目の老化は「生活習慣病的な現象」と捉えることができる。このような捉え方は、対応手段として、新たなアンチエイジングスキンケアを考える上で重要となる。

従来のスキンケアは、「乾燥」に対しては「保湿」で、「紫外線によるダメージ」に対しては「サンスクリーン」で対応してきた（**図1-18**）。一方で、明らかになった「生活習慣に関連する要因」に関しては、新たな対応が必要となる。

「肥満（皮下脂肪の増加）」に対しては、肥満を改善することが必要となる。また「糖化」による真皮へのダメージに対しては、「血糖値」を

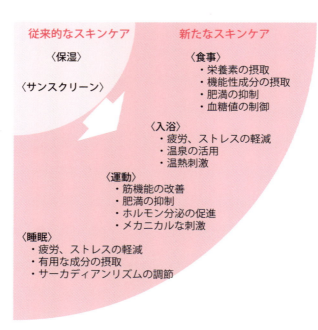

図1-18　広がりを見せるアンチエイジングスキンケア

コントロールすることが有用である。そのため摂取する食事の内容や、エネルギー量をコントロールすることが見た目の老化を防ぐ上で重要となる。

「食事」という領域は、従来的なスキンケアでは、十分にカバーされていない領域である。また最近では、食品成分の新たな機能が次々と明らかになり、肥満や高い血糖値を制御可能な成分が、開発されてきている。

肥満や血糖値を制御するには、「運動」によるエネルギー消費もまた重要である。最近では、運動に伴い筋肉から分泌される物質が、様々な作用を発揮することが明らかになってきた。マイオカインと呼ばれるこれらの因子の中には、血糖値を改善する因子や、エネルギー消費を高める因子も見いだされている。さらに「睡眠」や「入浴」といった生活習慣にも、皮膚との関係性や、皮膚に対する様々な作用が見いだされてきた。

見た目の老化の要因が明らかになり、これを「生活習慣病的な現象」と捉えることが可能となった現在、その要因に密接に関連した「生活習慣」からのアプローチは必然であり、必要な対応であることは、容易に理解いただけると思われる。こうした新たなスキンケアの可能性を、次章以後で詳細に見ていく。

第 2 章

食事

食事により栄養素を補給することは、身体の恒常性を維持する上で必修である。食品に含まれる主な栄養素は、タンパク質、脂質、炭水化物で、3大栄養素と呼ばれる（ビタミン、ミネラルを加え5大栄養素とも呼ばれる）。これらの栄養素には、従来的な栄養としての働きに加えて、新たな機能がわかってきた。ここでは成分別に、栄養素としての基本的な働きと、見い出された機能を概説し、見た目の老化との関係性を見ていく。

第2章 食事

2-1 タンパク質（Protein）

> タンパク質は、皮膚や筋肉等、生体を構成する主要な成分である。また、酵素やホルモンとして生体を調節する機能を有する。さらに最近では、摂取されたタンパク質が分解されて、生体内で多様な働きをすることが明らかになってきた。

2-1-1 栄養素としてのタンパク質

摂取されたタンパク質は、アミノ酸のレベルまで分解されて、小腸で吸収される。吸収されたアミノ酸は、血流に乗り必要な部位に届けられ、再びタンパク質に合成されて、体を構成する成分となる。

1）タンパク質とは

タンパク質とは、アミノ酸が結合してできた物質である。遺伝子（DNA）の配列で規定された順に、アミノ酸が結合し、その後いくつかの修飾を受けて、タンパク質が生成される。タンパク質を構成するアミノ酸は、20種類で、ヒトではそのうち11種類を他のアミノ酸から合成することができる（図2-1）。合成できない9個のアミノ酸は必須アミノ酸と呼ばれ、食事により摂取する必要がある。

2）タンパク質の吸収

摂取されたタンパク質は、胃で胃酸により立体構造が破壊され、ペプシンにより分解される（図2-2）。これが腸内で、膵液中のエンドペプチダーゼ（トリプシン、キモトリプシン、エラスターゼ）とエキソペプチダーゼ（カルボキシペプチダーゼ）により、遊離アミノ酸（アミノ酸1個）とオリゴペプチド（10個程度までのアミノ酸で構成）に分解され

2-1 タンパク質（Protein）

必須アミノ酸
（EAA；Essential Amino Acid）
生体内で合成できないアミノ酸

- スレオニン（Thr）
- トリプトファン（Trp）
- ヒスチジン（His）
- フェニルアラニン（Phe）
- メチオニン（Met）
- リジン（Lys）

分岐鎖アミノ酸 BCAA
(Branched Chain Amino Acid)

- バリン（Val）
- ロイシン（Leu）
- イソロイシン（Ile）

非必須アミノ酸
（NEAA；Non-Essential Amino Acid）
生体内で合成できるアミノ酸

- アルギニン（Arg）
- アラニン（Ala）
- アスパラギン（Asn）
- アスパラギン酸（Asp）
- グリシン（Gly）
- グルタミン（Gln）
- グルタミン酸（Glu）
- システイン（Cys）
- セリン（Ser）
- チロシン（Tyr）
- プロリン（Pro）

図2-1　アミノ酸

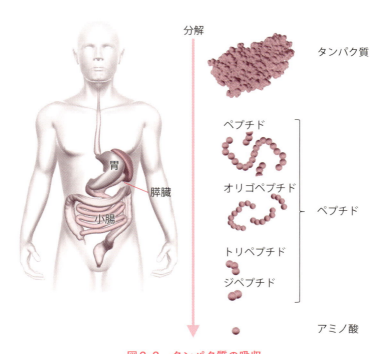

図2-2　タンパク質の吸収

る。オリゴペプチドは、小腸上皮細胞の刷子縁膜に存在するオリゴペプチダーゼにより、トリペプチド（アミノ酸3個で構成）、ジペプチド（アミノ酸2個で構成）、遊離アミノ酸に分解される。

　アミノ酸はアミノ酸輸送体により、ペプチドはペプチド輸送体により細胞内に取り込まれ、分解される（図2-3）。吸収された遊離アミノ酸は、血流に乗り、門脈を経て肝臓に達し、タンパク質に合成される。また一部は血液中に放出され、各組織に達して、そこでタンパク質や、核酸などの構成成分となる（図2-4）。

3）タンパク質の摂取量

　「日本人の食事摂取基準（2015年版）」（厚生労働省）によると、成人

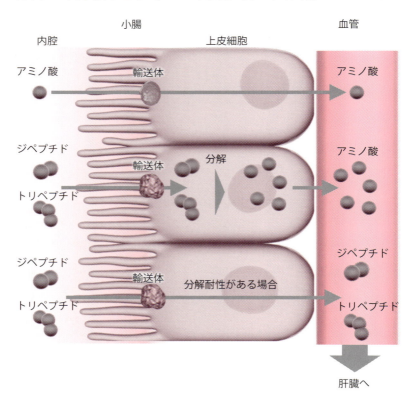

図2-3　タンパク質の吸収

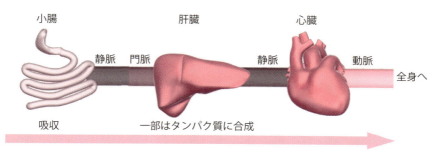

図2-4　アミノ酸の体内での流れ

	男性			女性		
	推定平均必要量（g）	推奨量（g/日）	目標量（中央値）(%)	推定平均必要量（g）	推奨量（g/日）	目標量（中央値）(%)
18–29歳	50	40	13〜20 (16.5)	40	50	13〜20 (16.5)
30–49歳	50	40	13〜20 (16.5)	40	50	13〜20 (16.5)
50–69歳	50	40	13〜20 (16.5)	40	50	13〜20 (16.5)
70歳以上	50	40	13〜20 (16.5)	40	50	13〜20 (16.5)

表2-1　タンパク質の食事摂取基準

目標量は、総エネルギー摂取量に対する割合。出典：厚生労働省「日本人の食事摂取基準（2015年版）」

のタンパク質維持必要量は、0.65/kg体重/日、高齢者では、0.85/kg体重/日である。これに消化率や個人間変動を合わせて推奨量が設定されている（**表2-1**）。この表2-1中の値は、年代ごとの日本人の平均的な体重と身長を基に計算されている。推定平均必要量は、半数のヒトが必要量を満たす量で、推奨量はほとんどのヒトが充足する量である。

　皮膚を構成する主な成分はタンパク質であり、必要量を摂取することは、健康な皮膚を維持するために不可欠である。ダイエット等で食事を制限したり、偏った食材にシフトすることは、タンパク質の欠乏に繋がるため、注意が必要である。

第2章 食事

2-1-2 機能性タンパク質、機能性ペプチド、機能性アミノ酸

　従来、摂取されたタンパク質は、体を構成する栄養成分とされてきた。近年、摂取されたタンパク質やその一部が、生体内で多様な機能を発揮することが明らかになってきた。

1）機能性タンパク質

　摂取されたタンパク質自体が生体で機能を発揮する場合、または分解されて機能を発揮する場合、このタンパク質を「機能性タンパク質」という。皮膚に対する機能を発揮する機能性タンパク質として、ラクトフェリンの研究が進められている。

ラクトフェリン

　ラクトフェリンは、ミルク中に含まれる692個のアミノ酸で構成されるタンパク質である（ウシでは689個）[7]。ラクトフェリンはミルク以外にも唾液や胆汁等にも分泌されている。

　ラクトフェリンは、生体で多様な作用を発揮する。ラクトフェリンが分泌される乳腺では、細菌による乳腺の感染や、ミルクの汚染を防止する。

　摂取されたラクトフェリンは、乳児では消化機能が未発達なため、また成人でもその一部は分解されずに腸管に達して、菌叢（きんそう）に影響を及ぼす（図2-5）。ラクトフェリンは、グラム陰性菌等の病原性細菌に対しては、抗菌的に作用する。一方で、乳酸菌等の有用な細菌に対しては、プロバイオティクス的に、その増殖を促進する。

　ラクトフェリンの分解により、ラクトフェリシンが形成される。ラクトフェリシンは、より広い範囲の細菌に対する抗菌作用を持つ。一方で乳酸菌に対しては、抗菌作用を示さない。

　ラクトフェリンの摂取により、体の様々な部位で変化が起きる。そのためラクトフェリンは消化管から血液中に移行し、体の各部位で作用を

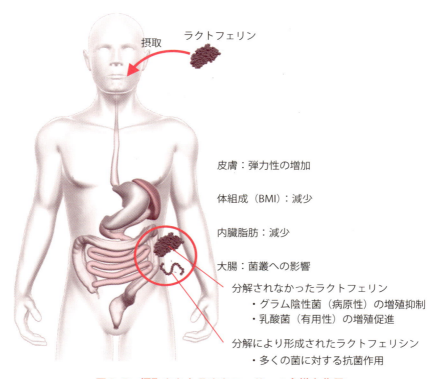

図2-5 摂取されたラクトフェリンの多様な作用

発揮すると考えられる。しかしラクトフェリンの血液中への移行量は、僅かとされており、作用メカニズムの全貌は明らかではない。

　ラクトフェリンは肥満改善に有用とされている。8週間のラクトフェリンの摂取により、BMI値と内臓脂肪の減少が認められている[8]。肥満は皮膚の弾力性を低下させ、たるみを増加させることから、ラクトフェリンのこの効果は、見た目の老化の改善に繋がると考えられる。

　またラクトフェリンの摂取により足白癬が改善することから、摂取されたラクトフェリンは、皮膚に作用を及ぼすと考えられる[9]。細胞を用いた実験では、ラクトフェリンは真皮の線維芽細胞のエラスチン遺伝子（弾性線維の主成分）の発現を促進する。そのため、ラクトフェリンには、皮膚老化を改善する効果が期待される。

さらにラクトフェリンを皮膚に塗布することで、乾癬や褥瘡といった皮膚疾患が改善することが確認さている[10]。またラクトフェリンの塗布により、皮膚の炎症反応が抑制される。これは皮膚の免疫反応に関与するランゲルハンス細胞の移動を制御するためと考えられている[11]。

ラクトフェリンの皮膚からの吸収を高めるための試みも進められている。糖脂質の一種であるソホロ脂質といった、いわゆる生体界面活性剤（Biosurfactants）と複合体を形成する方法などである。

皮膚老化の大きな要因として、紫外線や活性酸素等による炎症が挙げられる。ラクトフェリンの塗布が皮膚で有用であること、また炎症状態の改善に有用であることから、ラクトフェリンの摂取（上記）や塗布により、見た目の老化を予防、改善することが可能と考えられる。

2）機能性ペプチド

タンパク質が消化管や食品加工の過程で分解されてペプチドとなり、機能を発揮する場合、このペプチドを「機能性ペプチド」と呼ぶ。皮膚に対する効果を持つ機能性ペプチドとして、コラーゲンペプチドの研究が進められている。

コラーゲンペプチド

コラーゲンペプチドは、コラーゲン分子を断片化したペプチドで、その機能が明らかになってきた（図2-6）。コラーゲンペプチドを摂取することで、その分解物（コラーゲン分子特有のハイドロキシプロリンを含むペプチド）が非常に高濃度（数10〜100 μM）で血液中に認められる。この濃度は、培養細胞を用いた実験系で、コラーゲンペプチドの分解物が効果を発揮する濃度と同等、またはそれ以上である。そのため、培養細胞で認められている多くの有用な作用が実際にコラーゲンペプチドを摂取することで、生体で十分に起こり得ると考えられる[12]。

コラーゲンペプチドの摂取により、セルライトの改善や[13]、アトピー性皮膚炎の改善[14]、皮膚の弾力性の改善[15]等、様々な作用が報告されている（図2-7）。また皮膚のコラーゲン、エラスチン含量の増加と、それに

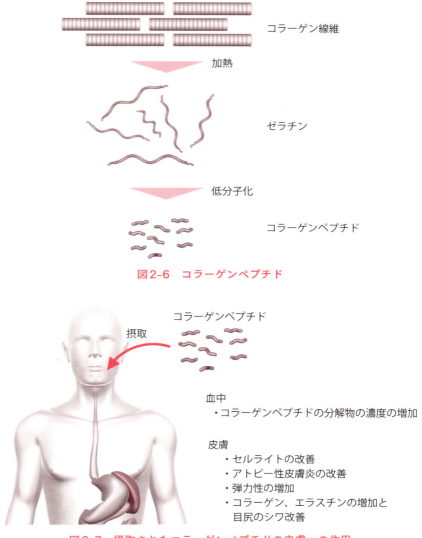

図2-6　コラーゲンペプチド

図2-7　摂取されたコラーゲンペプチドの皮膚への作用

伴う目尻のシワの改善も確認されている[16]。コラーゲンペプチドが真皮の線維芽細胞のコラーゲン産生を促進することは、細胞を用いた実験でも確認されている。こうした近年の研究成果から、コラーゲンペプチドは皮膚の老化や、それに伴う見た目の老化の改善に有用と考えられる。

3）機能性アミノ酸

　アミノ酸はタンパク質を構成する分子である。アミノ酸は生体内で様々な働きをする。例えばグルタミン酸は、神経細胞が信号を伝える際に、伝達物質として機能する。またアミノ酸は角層で、天然保湿因子（NMF）として、角層中の水分を維持する（図1-8）。こうした機能を持つアミノ酸として、分岐鎖アミノ酸、D-アミノ酸の研究が進められている。

①分岐鎖アミノ酸

　必須アミノ酸（図2-1）の中で、バリン、ロイシン、イソロイシンは枝分かれするような特徴的な分子構造を持つため、「分岐鎖アミノ酸（BCAA：Branched Chain Amino Acid）」と呼ばれている（図2-8）。BCAAは、運動後の筋肉のタンパク質合成を促進し、筋肉の損傷から回復を促進する（図2-9）[17]。

　また、BCAAは、様々な免疫細胞を活性化し、免疫機能を高める。さらに糖の消費や、脂肪の代謝を促進することで、肥満の改善にも有用である。肥満はたるみの大きな要因であることから、BCAAの見た目の老化に対する効果が期待される。

②D-アミノ酸

　ヒトを構成するアミノ酸はL-アミノ酸と考えられてきたが、近年の分析技術の向上により、L-アミノ酸とは構造の異なる、D-アミノ酸が

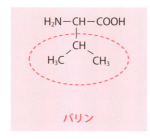

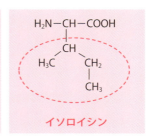

図2-8　分岐鎖アミノ酸

分岐構造（点線で囲んだ部分）を持つアミノ酸を「分岐鎖アミノ酸」と呼ぶ。

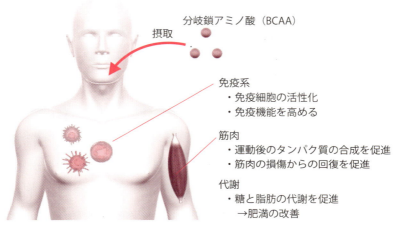

図2-9 分岐鎖アミノ酸（BCAA）の作用

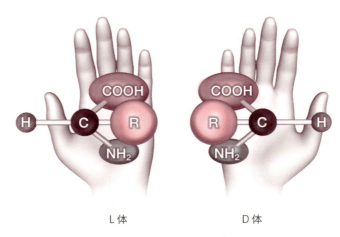

図2-10 D-アミノ酸
L体とD体の構造は、鏡で映したような対称的な関係性にある。

存在することが明らかになった（**図2-10**）。D-アミノ酸は、L-アミノ酸の光学異性体である。D-アミノ酸は神経系で様々な作用をする。例えば学習や記憶を制御する脳のNMDA（N-メチル-D-アスパラギン酸）受容体には、D-セリンやD-アラニンが作用する。またD-アミノ酸は、ホルモンの分泌の調節等、内分泌系でも機能する[18]。

第 2 章　食事

2-2　脂質（Lipid）

> 　脂質は、生体がエネルギーを貯蔵する際に用いられ、またビタミンの吸収を促進する。こうした脂質の栄養素としての働きに加え、脂質は多様な生理活性を持つことが明らかになってきた。その活性は、脂質を構成する脂肪酸に由来する。

2-2-1　栄養素としての脂質

　摂取された脂質は、体内で分解されて吸収される。吸収された脂質は、エネルギー源として貯蔵される。エネルギーが不足した場合に、貯蔵された脂質は分解され、脂肪酸の形で血中に放出される。これが各組織に運ばれて、エネルギー産生源として利用される。

1）脂質とは

　タンパク質、炭水化物（糖質）と並び、脂質は３大栄養素のひとつである。しかし、その定義は極めて曖昧で、混乱を生じやすい。一般には「有機溶媒に溶ける成分」として定義され、様々な成分が含まれる。脂質は場面により、異なる呼び方をされる。食品領域では「油脂（fat と oil）」が、栄養領域では「脂質（Lipid）」が使われることが多い。常温で液体のものを「油脂」、固体のものを「脂」と表すこともある。

　脂質は高いエネルギーを持ち、生体でエネルギーの貯蔵に用いられる。また、細胞の膜を構成する成分や、ステロイドホルモンの供給源となり、脂溶性のビタミン（ビタミンＡ、ビタミンＤ、ビタミンＥ、ビタミンＫ）の吸収を促進する等、栄養素として多様な働きをする。

2-2 脂質（Lipid）

(% エネルギー)

	男性の目標量（中央値）	女性の目標量（中央値）
18–29歳	20〜30（25）	20〜30（25）
30–49歳	20〜30（25）	20〜30（25）
50–69歳	20〜30（25）	20〜30（25）
70歳以上	20〜30（25）	20〜30（25）

表2-2　脂質摂取の目標量

生活習慣病の予防に向けた、目標摂取量。総エネルギー摂取量に対する割合。目標量の低い方の値は、必須脂肪酸の目安量を確保するために設定されており、目標量の高い値は、飽和脂肪酸の目標量を考慮して設定されている。出典：厚生労働省「日本人の食事摂取基準（2015年版）」

2）脂質の摂取量

成人では、1日に必要なエネルギーの20%〜30%（約55g）を脂質として摂取することが、脂質摂取の目標量として設定されている（**表2-2**）。脂質の中で、リノール酸（ω6脂肪酸）、α-リノレン酸（ω3脂肪酸）は、生体内で合成できないため、必須脂肪酸（essential fatty acid）とされている。リノール酸（ω6脂肪酸）の欠乏により、皮膚炎が発症する。またα-リノレン酸の欠乏により、視力障害や学習能力低下といった神経系への影響が発生する。

3）脂質の吸収

食物中の脂質の多くは、グリセロールに脂肪酸が3分子結合した「トリアシルグリセロール（中性脂肪）」の形で存在する（**図2-11**）。摂取された脂質は、十二指腸で、膵臓から分泌されるリパーゼの働きで、グリセロールと脂肪酸に分解される（**図2-12**）。脂肪酸とグリセロールは小腸の上皮細胞に吸収され、そこで再びトリアシルグリセロールの形に再合成される。その後、トリアシルグリセロールは、タンパク質やコレステロールとともに、「カイロミクロン（chylomicron）」と呼ばれる塊（リポタンパク質）を形成する。これがリンパ管を通って、肝臓以外の

第2章 食事

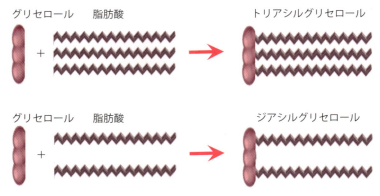

図2-11 脂質

グリセロールに脂肪酸が3分子結合したものをトリアシルグリセロールという。生体を構成する脂肪や油脂の大半を占める。グリセロールに脂肪酸が1個結合したものを、モノアシルグリセロール、2個結合したものをジアシルグリセロールと呼ぶ。

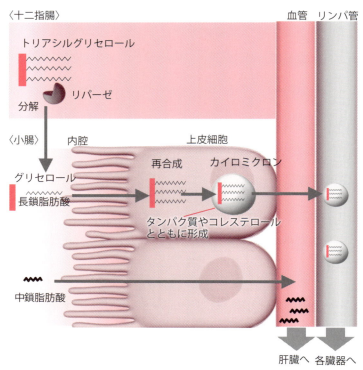

図2-12 脂質の吸収

組織（脂肪組織や筋肉等）に運ばれる。各組織では、リポタンパク質リパーゼが脂質をグリセロールと脂肪酸に分解し、切り出された脂肪酸が組織に吸収されて、貯蔵される。

4）脂質の貯蔵

生体は、摂取した脂質を脂質として貯蔵する。また過剰に摂取したエネルギーを活用して、肝臓や脂肪組織で、糖から脂質を合成し、これを脂肪組織に貯蔵する。

生体内のエネルギーは、主に炭水化物（糖）、または脂質の形で利用されている。糖では1g当たり4.1kcalしか貯蔵できないのに対し、脂質は9.3kcalと、倍以上のエネルギーを貯蔵できる（表2-3）。そのため、脂質は非常に有用なエネルギー貯蔵システムとなっている。

5）脂質の分解

生体は通常、糖（グリコーゲン：グルコースが連なった物質）の形で貯えられたエネルギーを使って活動を行う。しかし、その貯蔵量はそれほど多くはなく、活動量が増えると、脂質をエネルギー源として使うことになる。

生体がエネルギーの不足を関知すると、脂肪細胞ではリパーゼの働きにより、脂質が脂肪酸とグリセロールに分解されて、細胞外に放出される（図2-13）。脂肪酸は血液中のアルブミンと結合して、筋肉や心臓等の各種組織に運ばれる。それらの組織で細胞に取り込まれた脂肪酸は、ミトコンドリアで分解されて、大きなエネルギーを生み出す。

栄養素	エネルギー量（kcal/g）
炭水化物（糖）	4.1
脂肪	9.3
タンパク質	4.1

表2-3　3大栄養素から摂取可能なエネルギー量

第2章　食事

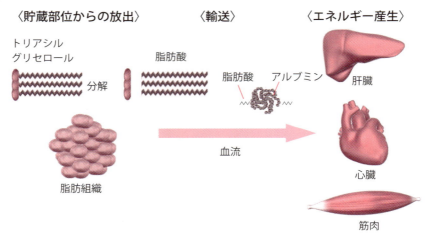

図2-13　貯蔵された脂肪の体内での流れ

2-2-2　脂質の新たな機能

　脂肪酸は脂質を構成する成分である。近年この脂肪酸に、脂質の貯蔵を抑制する作用や、エネルギー代謝を高める働き等、様々な作用が見いだされてきた。こうした作用を活用した様々な成分や、食品が開発されてきている。

1）オメガ脂肪酸（ω脂肪酸）

　脂肪酸の中で、分子内に二重結合を持つものを「不飽和脂肪酸」と呼ぶ（**図2-14**）。さらに二重結合が1個のものを一価不飽和脂肪酸、2個以上のものを多価不飽和脂肪酸と呼ぶ。二重結合が多いほど安定性が低い。一方、二重結合を持たないものを「飽和脂肪酸」と呼ぶ。飽和脂肪酸は食肉やバター等に含まれ、安定性が高い。

①ω9脂肪酸

　不飽和脂肪酸の中で、二重結合がω9の位置（**図2-15**）から始まるものを「ω9脂肪酸」と呼ぶ。ω9脂肪酸としては、オレイン酸が知られている。オレイン酸は、オリーブ油に多く含まれる。

2-2 脂質（Lipid）

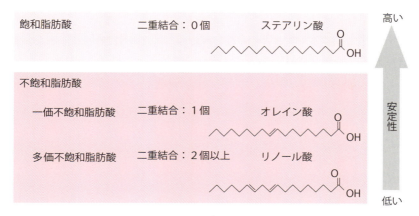

図2-14　飽和脂肪酸と不飽和脂肪酸

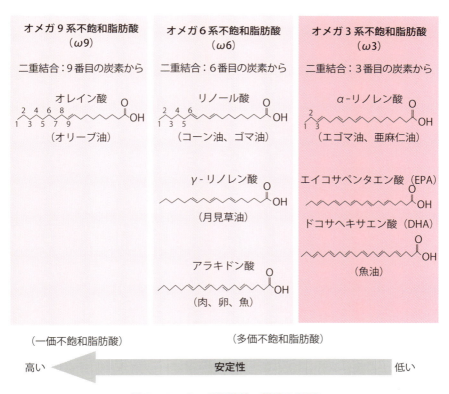

図2-15　オメガ脂肪酸の構造と種類

39

②ω6脂肪酸

　二重結合がω6の位置から始まるものを「ω6脂肪酸」と呼ぶ。ω6脂肪酸には、コーン油やゴマ油に多く含まれるリノール酸がある。リノール酸が生体内で代謝されることで、γ-リノレン酸、アラキドン酸が作られる。γ-リノレン酸は月見草油等に、アラキドン酸は食肉や魚等にも含まれる。

　リノール酸の摂取量が少ない女性では、皮膚の乾燥と、皮膚の薄化が進んでいる。乾燥は、シワの原因となる。また皮膚の薄化により、皮膚の物性が低下し、シワやたるみに繋がると考えられる[19]。そのため、リノール酸の見た目の老化改善への効果が期待される。

　またリノール酸の摂取により、紫外線による皮膚障害の軽減が認められている[20]。

③ω3脂肪酸

　二重結合がω3の位置から始まる脂肪酸を「ω3脂肪酸」と呼ぶ。ω3脂肪酸には、エゴマ油や亜麻仁油に多く含まれるα-リノレン酸、魚に含まれるエイコサペンタエン酸（EPA）やドコサヘキサエン酸（DHA）がある。摂取されたα-リノレン酸の一部は、生体内でEPAやDHAに変換される。

　EPAやDHAは、膵臓からのインスリンの分泌を促進する。また、小腸が分泌するホルモン「GLP-1：グルカゴン様ペプチド-1」の分泌を促進する。GLP-1は膵臓からのインリンの分泌を促進する。このように分泌されたインスリンは、脂肪細胞に作用して、血液中の糖を細胞内に取り込ませることで（グルコーストランスポーター4（GLUT4）の増加）、血糖値を低下させる。

　DHAやEPAには、これ以外にも冠動脈性心疾患、脳卒中、糖尿病、乳がん、大腸がん、肝がん、加齢黄斑変性症、認知障害やうつ病、筋肉へのダメージ等に対しても、有用性が示されている[21]。

④ω脂肪酸の相互作用

ω6脂肪酸とω3脂肪酸は、互いに拮抗的に作用する。ω6系脂肪酸から

は、プロスタグランジンE2やロイコトリエン等の炎症性のサイトカインが合成される。これに対して、DHAやEPA（ω3脂肪酸）は、これらの炎症性のサイントカインに対して、抑制的に作用する。

また、リノール酸（ω6脂肪酸）とα-リノレン酸（ω3脂肪酸）の代謝酵素（Δ6不飽和化酵素）は、両方に共通して作用するため、リノール酸の摂取量が増えることで、α-リノレン酸の代謝が低下する可能性がある。しかし、「日本人の食事摂取基準（2015年版）」（厚生労働省）では、DHAやEPAを十分に摂取すれば、影響は少ないとしている。ω3、ω6脂肪酸については、国民栄養調査に基づき、摂取の目安量が示されている（摂取量の中央値）（**表2-4〜表2-6**）。

加えて、ω3酸の摂取により、血液中のアディポネクチンの濃度が高まる。アディポネクチンは、肝臓や筋肉に作用し、脂肪代謝（β酸化）を促進する。そのため、肥満の改善効果が期待されている[22]。

2）中鎖脂肪酸

脂肪酸は炭素原子が連なって構成されている。この炭素原子の数が、6個（カプロン酸）、8個（カプリル酸）、10個（カプリン酸）の脂肪酸が、「中鎖脂肪酸」である（**図2-16**）。これらの脂肪酸はグリセロールと結合し、トリアシルグリセロールの形でココナッツやパーム核油に含まれている（Medium chain triglycerides：MCT）。

前述のように、摂取された脂質は、脂肪酸とグリセロールに分解された後、小腸で吸収される。その後、リンパ管を通って血液中に移行し、全身に運ばれることで、各臓器に貯蔵される（図2-12）。一方、中鎖脂肪酸は、サイズが小さいことから、水に溶解しやすく、小腸で素早く吸収される。また、中鎖脂肪酸は脂質を合成する酵素との親和性が低いため、生体内で再び脂質の形に戻りにくい。そのため、脂質として貯蔵されにくい性質を持つ。さらに中鎖脂肪酸は、カイロミクロンを形成しにくいことから、直接血液中に運ばれて、門脈を通って肝臓に達し、そこで代謝される。実際に、中鎖脂肪酸の摂取により、肥満の改善効果が認

第2章 食事

(g/日)

	男性 目標量（中央値）	女性 目標量（中央値）
18-29歳	11	8
30-49歳	10	8
50-69歳	10	8
70歳以上	8	7

表2-4　ω6脂肪酸の摂取目標量

摂取不足の回避のために設定された目安量。ヒトは、ω6脂肪酸をアセチルCoAから合成できないため、摂取する必要がある。出典：厚生労働省「日本人の食事摂取基準（2015年版）」

(g/日)

	男性 目標量（中央値）	女性 目標量（中央値）
18-29歳	2.0	1.6
30-49歳	2.1	1.6
50-69歳	2.4	2.0
70歳以上	2.2	1.9

表2-5　ω3脂肪酸の摂取目標量

摂取不足の回避のために設定された目安量。ヒトは、ω3脂肪酸を合成できないため、摂取する必要がある。出典：厚生労働省「日本人の食事摂取基準（2015年版）」

(％　エネルギー)

	男性 目標量（中央値）	女性 目標量（中央値）
18-29歳	7以下	7以下
30-49歳	7以下	7以下
50-69歳	7以下	7以下
70歳以上	7以下	7以下

表2-6　飽和脂質酸の摂取目標量

生活習慣病の予防に向けた、目標摂取量。総エネルギー摂取量に対する割合。出典：厚生労働省「日本人の食事摂取基準（2015年版）」

2-2 脂質（Lipid）

短鎖脂肪酸（例：酪酸）

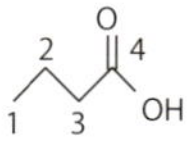

長鎖脂肪酸（例：パルミチン酸）

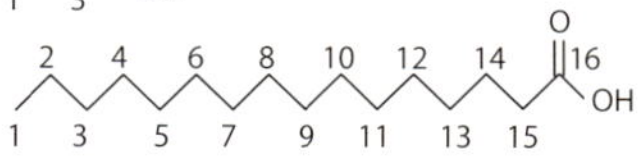

	主な脂肪酸	炭素数	含有する食物
短鎖脂肪酸	酢酸	2	酢
	酪酸	4	
中鎖脂肪酸	カプロン酸	6	
	カプリル酸	8	
	カプリン酸	10	
	ラウリン酸	12	
長鎖脂肪酸	ミリスチン酸	14	
	パルミチン酸	16	
	ステアリン酸	18	
	オレイン酸	18	オリーブ油
	リノール酸	18	コーン油、ゴマ油
	リノレン酸	18	エゴマ油、亜麻仁油

図2-16　炭素数による脂肪酸の分類

められている[23]。

3）短鎖脂肪酸

　脂肪酸を構成する炭素数が2個（酢酸）、3個（プロピオン酸）、4個（酪酸）の脂肪酸は「短鎖脂肪酸」である（図2-16）。短鎖脂肪酸は、中鎖脂肪酸とは異なる働きで、肥満の改善効果が期待されている。

　短鎖脂肪酸は酢（酢酸）や乳製品（酪酸）に含まれる。また摂取された食物繊維を、腸内細菌が分解することでも作り出される。腸内細菌の中で、酪酸菌はプロピオン酸や酪酸を、ビフィズス菌は酢酸を生成する（図2-17）。

　酪酸は、腸内で抑制性の免疫細胞（制御性T細胞）を誘導することで、炎症を抑制する（図2-18）。また潰瘍性大腸炎やクローン病の患者

第2章 食事

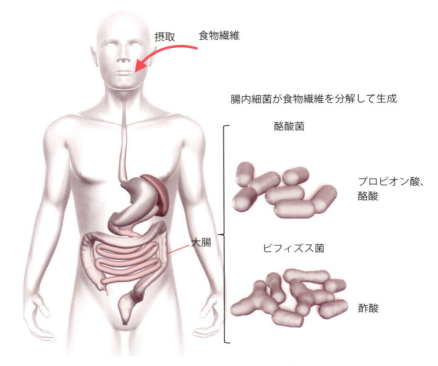

図2-17 短鎖脂肪酸の生成

では、酪酸を作る細菌が少ない。腸管の状態は、皮膚の状態に影響すると考えられている。そのため、腸管の炎症を抑える短鎖脂肪酸に、皮膚状態を改善する効果が期待されている[24]。

　酢酸やプロピオン酸は、吸収された後、血流に乗り脂肪組織に達して、脂肪細胞の表面にある受容体（GPR43）に結合する。これにより、脂肪細胞の脂質の貯蔵が抑制され、脂肪組織への脂質の蓄積が抑制される[25]。

　さらにプロピオン酸や酪酸は、交感神経の細胞表面にある受容体（GPR41）に結合する。これにより、ノルアドレナリンの分泌が促進し、体温の上昇や酸素消費量が増加することで、体全体としてエネルギー消費が増加する[26]。

　これらの作用により、短鎖脂肪酸の摂取は肥満の改善に繋がると考え

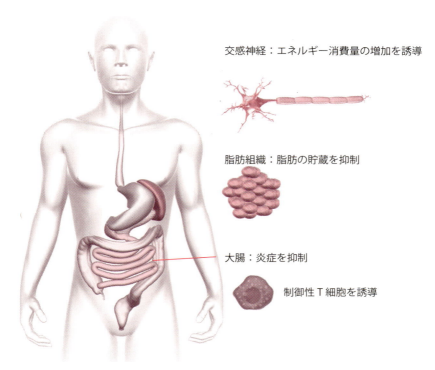

図2-18 短鎖脂肪酸の作用

られている。

4）トランス脂肪酸

　脂肪酸の中で、不飽和型の脂肪酸には、「シス（cis）型」と「トランス（trans）型」が存在する（**図2-19**）。シス型は、二重結合の部分の2つの水素が同じ側にあるもので、トランス型は反対側にあるもである。

　このトランス型の脂肪酸を工業的に合成することで、例えば「融点が低く柔らかいマーガリン」等、利便性の高い食品が製造可能となる。しかし、こうしたトランス脂肪酸を摂取することで、冠動脈性心疾患のリスクが高まる[27]。そのため、FDA（米国食品医薬品局）が、工業的に生産されるトランス脂肪酸の使用を、禁止する意向を示している。

　これに対し、食肉や牛乳等に含まれ、自然界に存在するトランス脂肪

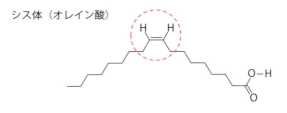

図2-19 シス型とトランス型の脂肪酸
水素（H）は、二重結合部分（点線で囲んだ部分）のみ記載。

酸（バクセン酸）は、冠動脈性心疾患のリスクとならない、とされている[28]。

　トランス脂肪酸の摂取により、紫外線による皮膚へのダメージが増加し、糖化やシワが増加することが示されている。これは摂取されたトランス脂肪酸が皮膚に移行して、脂肪酸の組成を変え、皮膚の抗酸化力を低減することで、紫外線障害が増加したと考えられている[29]。

5）共役リノール酸

　共役リノール酸は、はじめハンバーガー中の抗変異原性物質として見つかった。抗変異原性とは、DNAに変化をもたらす物質（変異原）を抑制する働きのことである。現在では共役リノール酸には、皮膚がん等の発がんを抑制する作用や、動脈硬化の改善効果、血圧の上昇を抑える効果等が明らかになっている[30]。

　共役リノール酸は、リノール酸の一種で（異性体）、分子内の二重結合が図2-20のような形で連続した（共役構造）構造を持つ。共役リノール酸は、反芻動物の胃の中で、細菌によりリノール酸から作られ、牛乳や食肉中に含まれる。しかし、その量は僅かなため、工業的にリノール酸から製造される。その際、cis-9, trans-11-18：2（ルーメン

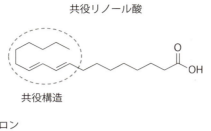
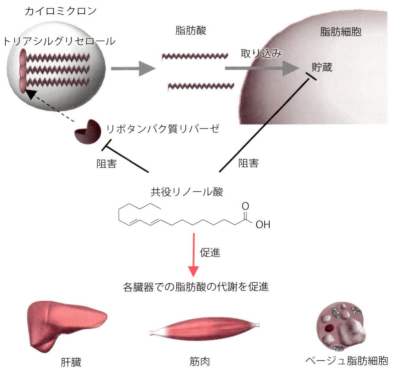

図2-20　共役リノール酸の構造と機能

酸）と *trans*-10, *cis*-12-18：2の2つの共役リノール酸が得られる。後者は抗肥満作用をはじめ、多様な作用を持つため、機能性の食品として注目されている。

　共役リノール酸は、遊離脂肪酸の形でもサプリメント等に用いられているが、これをグリセロールに結合したトリグリセリド（脂質）の形にすることで、応用範囲が拡大されてきている。

前述のように、摂取された脂質は、腸管で吸収された後、カイロミクロンと呼ばれるリポタンパク質となり、様々な組織に運ばれる。そこでは、リポタンパク質リパーゼが、脂質を分解し、切り出された脂肪酸が組織に吸収される。共役リノール酸は、このリポタンパク質リパーゼの働きを抑えて、脂肪組織への脂質の取り込みを抑制する[31]。また共役リノール酸は、脂肪酸合成に必要な各種酵素の働きを抑制する。これにより、脂肪組織での脂肪酸の合成を抑制し、これがトリグリセリドの形で脂肪組織に蓄積することを抑制する[32]。

さらに共役リノール酸は、細胞内のPPARα（peroxisome proliferator-activated receptor α）という因子に作用し、その機能を高める。PPARαは、肥満や生活習慣病のキーとなる因子である。PPARαの働きが高まることで、肝臓や筋肉、褐色脂肪組織等で、脂肪酸の代謝（β酸化）が促進される[33]。

共役構造を持つ脂肪酸には共役リノレン酸（Conjugated linolenic acid：CLN）もあり、共役リノール酸と同様な効果があると考えられている。共役リノレン酸は、自然界では種子に含まれる。

2-2-3 脂質の吸収を抑えるには

摂取した脂質の吸収を抑え、肥満を改善するための手段が開発されてきている。脂質が分解されて吸収される過程の阻害、吸収されにくい構造の脂肪代替食品、吸収や代謝経路の異なる脂質、脂質を糖へと置換した代替脂肪等である。

1）脂質の吸収阻害

摂取された脂質が吸収されるためには、膵臓から分泌されるリパーゼにより、脂肪酸とグリセロールに分解されることが必要である（図2-21）。そのため、このリパーゼの働きを抑えることで、脂質の吸収を抑えることが可能となる。

オルリスタットは膵臓リパーゼを阻害することで、脂質の吸収を抑制

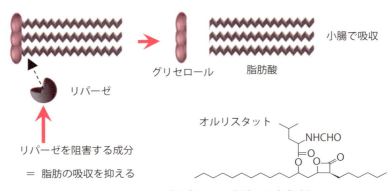

図2-21 リパーゼ阻害による脂肪の吸収抑制

する脂肪吸収阻害薬である。肥満の改善や、改善後の状態を維持する効果が確認されている[34]。同様な効果を狙った成分が開発され、特定保健用食品（トクホ）や、機能性表示食品に応用されている（**表2-7**）。

2）脂肪代替食品

体に吸収されにくい分子構造を持つ脂質が、「脂肪代替食品」として開発されている。

オレストラはショ糖に脂肪酸が6〜8個結合した構造を持ち、膵臓リーパーゼによる分解を受けないため、吸収されない（**図2-22**）。FDAによる食品添加物として認可を受けており、実際にヒトでの減量効果等が検証されている。しかし、下痢や脂肪便を起こすことや、脂溶性のビタミン（ビタミンA、ビタミンD、ビタミンE等）の吸収に影響することが懸念され、その使用は限定的である[35]。

サラトリム（salatrim）は短鎖脂肪酸（酢酸：炭素数2個、酪酸：炭素数4個）と、長鎖脂肪酸（ステアリン酸：炭素数18個）で構成されている（図2-22）。サラトリムは膵リパーゼで分解された後、吸収されるが、短鎖脂肪酸は前述のように腸管上皮細胞で脂質に再合成されにくく、またその後も肝臓等で代謝されるため、体に蓄積されにくい。また

機能性に関与する成分名	目的とした機能
プロシアニジン	膵臓由来リパーゼの阻害
モノグリコシルヘスペリジン	血中の中性脂肪の低下
ティリロサイド	体脂肪の低減

表2-7　脂肪の吸収を抑制する食品成分
（消費者庁の機能性表示食品制度届出データベースより）

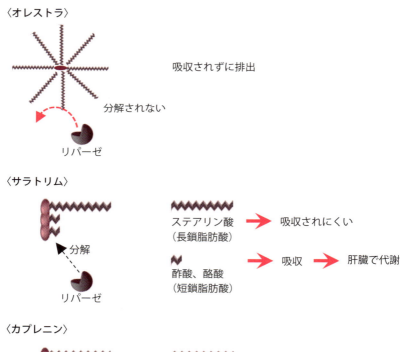

図2-22　代替脂肪

代替脂肪は吸収されにくいか、吸収されても代謝されて貯蔵されにくい。サラトリムでは脂肪酸は、グリセリン上でランダムな位置にある。

サラトリムを構成する長鎖脂肪酸（ステアリン酸）は、消化吸収率が低い。そのため、サラトリムは低カロリー（5 kcal/g）の脂質となっている[36]。

3）吸収、代謝経路の異なる脂質

通常の脂質と吸収、代謝経路を変えることで、カロリーを抑えた脂質が開発されている。

カプレニン（Caprenin）は、中鎖脂肪酸（カプリル酸：炭素数8個、カプリン酸：炭素数10個）と長鎖脂肪酸（ベヘン酸：炭素数22個）で構成されるトリグリセリドである。摂取されたカプレニンは、膵臓リパーゼで分解されるが、前述のように、中鎖脂肪酸は肝臓で代謝されるため、体に蓄積されにくい。またベヘン酸は、常温で溶けにくい性質のため（融点が80℃と高いため）、腸管上皮でカイロミクロンにミセル化されにくく、吸収されにくい。そのため、カプレニンも通常の脂質と比較して、低カロリー（5 kcal/g）となっている[37]。

4）脂質の炭水化物への置換

脂質は1g当たり9 kcal/gを持つ高エネルギーの食品である。これに対して、炭水化物は1g当たり4 kcal/g以下で、脂質の半分以下のエネルギーを持つに過ぎない。そのため摂取する脂質を、炭水化物に置き換えることで、摂取量は減らさずに、エネルギー量を減らすことが可能となる。

炭水化物に置き換える際には、水を加えてゲル状にするため、摂取するエネルギー量はさらに低減することができる。

このような目的で、デキストリンやセルロース、増粘多糖類など多くの成分が開発されてきている。食感を脂質に近づけることで、代替脂肪として、様々な製品に応用されている。

第2章 食事

2-3 炭水化物（Carbohydrate）

炭水化物は糖で構成される物質で、エネルギー供給源として機能する。炭水化物の中でも食物繊維は、エネルギー源としてではなく、生理的な機能を発揮する。

2-3-1 栄養素としての炭水化物

炭水化物は糖で形成されている。摂取された炭水化物は、唾液や膵液中の酵素で分解された後、さらに小腸で単糖まで分解される。これが小腸上皮から吸収されて、肝臓に運ばれ代謝される。

1）炭水化物とは

炭水化物は単糖、またはそれが重合してできた物質である。この重合した糖の数により、単糖類（重合度1）、二糖類（重合度2）、小糖類（重合度3～9）、多糖類（重合度10以上）に分類される（**表2-8**）。多糖類は、デンプン性多糖類（アミロース、アミロペクチン等）と、非デンプン性多糖類（セルロース、ヘミセルロース、ペクチン等）に分けられる。食物繊維は多糖類に含まれるが、その定義は曖昧である。通常の食生活で摂取される食物繊維の大半は、非デンプン性の多糖類である。

分類		重合度	代表的な糖
単糖類	ー	1	グルコース、フルクトース、ガラクトース
二糖類	ー	2	ショ糖、乳糖、麦芽糖
小糖類	ー	3～9	マルトオリゴ糖（α-グルカン）
多糖類	デンプン性	10以上	アミロース、アミロペクチン
	非デンプン性		セルロース、ヘミセルロース、ペクチン

表2-8 重合度による糖の分類

また炭水化物は、「ヒトの消化酵素で分解できるか」、という基準で、易消化性炭水化物と難消化性炭水化物に分類される。この分類では、食物繊維はヒトの消化酵素では分解されないため、難消化性の炭水化物となる。

2）炭水化物の吸収

炭水化物の中で、易消化性炭水化物は、唾液や膵液中のアミラーゼにより小糖類に分解される（**図2-23**）。さらに小腸上皮細胞でグルコアミラーゼ、スクラーゼ、イソマルターゼにより単糖類に分解される。単糖

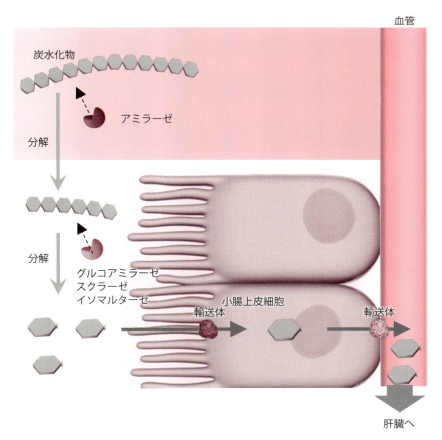

図2-23　炭水化物の吸収

類は、それぞれの糖に対する輸送体により、細胞内に吸収される。さらに、別の輸送体により血管に輸送され、門脈を経て肝臓に送られて、代謝される。また血中の単糖の一部は、糖をエネルギー源とする組織（脳、神経、腎尿細管、低酸素状態の筋肉等）に送られて、エネルギー産生に用いられる。

空腹時のグルコースの濃度（血糖値）は70〜110 mg/dLである。食事により血糖値は上昇するが、腎臓から排出されるため、140 mg/dLを超えない。しかし、糖代謝に異常があり、この腎臓の排出限界を超えると、尿中にグルコースが排出され、糖尿病の症状を呈する。

3）炭水化物の摂取量

炭水化物が、糖尿病以外の健康障害の原因となるか明らかではないため、推奨摂取量も耐容上限量も設定されていない（表2-9）。炭水化物の目標摂取量は、総エネルギー摂取量から、タンパク質と脂質によるエネルギー摂取量を差し引いた、残渣分として定義されている。

食物繊維の摂取量と、多くの生活習慣病との関係性が報告されている。その中でも、関係性が明らかな心筋梗塞を基に、その予防に向け目標摂取量が設定されている（表2-10）。目標量の算定に用いられた研究の多くは通常の食品に由来する食物繊維であり、サプリメント等に由来したものではない。したがって、通常の食品に代えて同じ量の食物繊維をサプリメント等で摂取した時に、同等の健康利益を期待できるという保証はない。

2-3-2　炭水化物の新たな機能

炭水化物には、エネルギー源としての機能の他に、生体での様々な作用を持つことが明らかになってきた。広義の食物繊維のひとつ、難消化性のデンプンは、レジスタントスターチと呼ばれ、小腸では吸収されずに大腸に達し、腸内細菌に分解されることで、機能を発揮する。

2-3 炭水化物（Carbohydrate）

(％ エネルギー)

	男性 目標量（中央値）	女性 目標量（中央値）
18-29歳	50〜65（57.5）	50〜65（57.5）
30-49歳	50〜65（57.5）	50〜65（57.5）
50-69歳	50〜65（57.5）	50〜65（57.5）
70歳以上	50〜65（57.5）	50〜65（57.5）

表2-9　炭水化物摂取の目標量

生活習慣病の予防に向けた、摂取の目標量。総エネルギー摂取量から、タンパク質、脂質を除いた残分として設定。出典：厚生労働省「日本人の食事摂取基準（2015年版）」

(g/日)

	男性目標量	女性目標量
18-29歳	20以上	18以上
30-49歳	20以上	18以上
50-69歳	20以上	18以上
70歳以上	19以上	17以上

表2-10　食物繊維摂取の目標量

生活習慣病の予防に向けた、摂取の目標量。出典：厚生労働省「日本人の食事摂取基準（2015年版）」

1）食物繊維とは

　食物繊維の定義は十分に定まっていない。食物繊維学会では、ルミナコイド（Luminacoid）という概念で、食物繊維に関連する物質を以下のように定義している。「ヒトの小腸内で消化・吸収されにくく、消化管を介して健康の維持に役立つ生理作用を発現する食物成分」。つまり消化管という体の外から、生体機能を直接的、間接的に制御する物質、としている。そこには高分子から低分子の物質まで、また炭水化物やタンパク質など、広い範囲の成分が包括されている（**表2-11**）。

2）レジスタントスターチ

　レジスタントスターチ（Resistant starch：RS）は、「健常人の小腸管

ルミナコイド	デンプン	レジスタントスターチ
		難消化性デキストリン
	非デンプン	狭義の食物繊維（多糖類、リグニン）
		オリゴ糖
		糖アルコール
		レジスタントプロテイン
		その他（希少糖など）

表2-11　広義の食物繊維（ルミナコイド）

腔内において消化吸収されないデンプン、およびデンプンの部分分解物」と定義されるルミナコイドである。これは、さらに、RS1～RS4に分類される（**表2-12**）。レジスタントスターチは、様々な食品に含まれている。

　RS1はヒトが物理的に利用し難いデンプンである。豆類のデンプンのように、細胞内のデンプンが細胞壁に包まれているため、ヒトの消化酵素が分解できないものが、RS1に分類される。

　RS2には性質の異なる2つの成分が含まれる。ひとつは、天然のデンプン粒で、生のジャガイモや完熟前のバナナのように、構造上分解されにくいデンプンである。RS2のもうひとつは、アミロース含量が高く、通常の加熱料理では「糊化」されずに残る部分が多く、消化されないデンプンである。

　糊化とは、水と加熱したデンプンが、糊状に変化することである（α化）。糊化したデンプンは消化が容易となる。糊化したデンプンを冷却すると、白濁して固まるが、これをデンプンの「老化」と呼ぶ。老化したデンプンは、消化が難しくなる。

　老化したデンプンはRS3に分類される。加熱と冷却を繰り返すことで、ジャガイモのRS3の量は増加する。

　RS4は、化学修飾されたデンプンで、デンプンエステルやデンプンエーテル、熱分解デキストリン等がある。食品中のRSの含量は、加熱

分類		性質	食品例
RS1	物理的に利用し難いデンプン	粉砕が不十分な豆類や穀類。細胞壁が残存するため、細胞内のデンプンに消化酵素が作用できず、消化されない。	豆類、全粒穀物
RS2	天然のデンプン粒	・完熟前のバナナや生のジャガイモ等、消化されにくい構造を有するデンプン。 ・アミロース含量が高いデンプン。調理では糊化されずに残る部分が多くなり、消化されない。	・生のジャガイモ、完熟前のバナナ ・コーンフレーク
RS3	老化デンプン	糊化したデンプンを冷却した時に形成されるデンプン（老化デンプン）	加熱と冷却を繰り返したジャガイモ
RS4	化学修飾デンプン	化学的に加工して作れるデンプン（加工デンプン）	加工食品

表2-12　レジスタントスターチの分類

や冷却といった調理の状態により変動する。

　摂取されたレジスタントスターチは、小腸で消化されずに大腸に達する。そこで腸内細菌による分解を受けて、水素ガスや、短鎖脂肪酸（酢酸、プロピオン酸、酪酸）が生成される。2-2節（脂質）で見たように、短鎖脂肪酸が持つ様々な有用な作用が明らかになっている。実際に、レジスタントスターチの摂取により、腸内環境の改善、大腸の蠕動運動の促進、血糖上昇の抑制、血液中のコレステロールや中性脂肪の低減効果が認められている。

　レジスタントスターチは機能性の食品として応用が進められている[38,39]。RS1の全粒粉を用いたパンでは、整腸作用が得られることや、食後の急激な血糖値の上昇が抑えられる、とされている。RS2のトウモロコシに関しては、アミロース含量を高めた品種が開発されている。

2-3-3　炭水化物の吸収を抑えるには

　肥満や血糖値の改善に向け、糖の吸収を抑制する成分の開発が進められている。糖が吸収されやすい構造に分解されるのを抑制する方法、糖

の吸収を阻害する方法、吸収されにくい構造の糖を用いる方法等である。

1）糖質の分解の阻害

摂取された糖の吸収を抑え、エネルギー摂取量を低減して、肥満を改善することや、食後の急激な血糖値の上昇を抑えることを目的に、成分の開発が行われている。これには、糖質が分解されて吸収される過程の、様々な段階がターゲットとなり得る。

小腸での二糖類の分解を抑制するα-グルコシダーゼ阻害薬（アカルボースacarbose、ボグリボースvoglibose）が2型糖尿病の食後の急激な血糖上昇を抑える目的で使用されている（図2-24）。

2）糖質の吸収の阻害

難消化性デキストリンは、デンプンを加熱し、一旦切断されたグリコシド結合が再重合する際に、分岐状の構造に変換された形を持つ。単糖

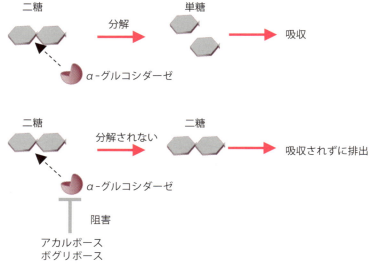

図2-24　αグルコシダーゼ阻害による炭水化物の吸収抑制

の吸収には影響を及ぼさないが、二糖類以上の糖の吸収を阻害する。

2-4 保健機能食品

> 健康や栄養に関する食品に関して、消費者庁により制度化されている。「特定保健用食品（トクホ）」をはじめ、3つの異なるカテゴリーで構成されている。

2-4-1 保健機能食品とは

保健機能食品制度とは、いわゆる健康食品として多様に販売されていた食品に対し、一定の条件を満たした食品を「保健機能食品」と称することを認める制度である。国への許可等の必要性や食品の目的、機能等の違いによって、「特定保健用食品（トクホ）」「栄養機能食品」「機能性表示食品」の3つに分けられる（表2-13）。

特定保健用食品（トクホ）	栄養機能食品	機能性表示食品
保健の機能の表示が可能	栄養成分の機能表示可能	保健の機能の表示が可能
許可制	許可、届け出不要	事前届け出制 （企業の責任における表示）
例）グルコシルセラミドを含んでいるので、肌が乾燥しがちな方に適しています。	例）ビタミンAは、皮膚や粘膜の健康維持を助ける栄養素です。	例）ビフィズス菌BB536には、腸の調子を整える機能が報告されています。
平成3年～	平成13年～	平成27年～

表2-13 保健機能食品

第2章 食事

1) 特定保健用食品

「特定保健用食品（トクホ）」とは、生理学的機能に影響を与える成分を含み、消費者庁の承認を受け、特定の保健の用途に適することを表示できる食品である。表示例を**表2-14**に示す。承認を受ければ、トクホのマークを表示することができる。

葉酸やカルシウムのように、成分が疾患のリスクを低減することが医学、栄養学的に確立されている場合には、疾患リスクの低減まで表示可能となる。

2) 栄養機能食品

「栄養機能食品」は、ヒトの生命活動に必要な栄養素（ビタミン、ミネラル）を含み、科学的な根拠が十分な栄養機能について表示できる食品のことである。1日の摂取目安量（上限、下限）や、摂取上の注意も表示する必要がある。国に対して届出する必要や、国から許可を受ける必要はなく、食品に含まれる栄養成分の機能を表示することができる。ビタミン、ミネラルの摂取目安量と表示例を**表2-15**、**表2-16**に示す。トクホのようなマークはない。

3) 機能性表示食品

「機能性表示食品」とは、事業者の責任の下で、科学的根拠に基づいた機能性を表示した食品のことである。事前に安全性や機能性を消費者庁に届け出た食品だが、その際に許可を受けたものではない。**表2-17**に皮膚に関連する機能性表示食品を示した。

関与する成分	許可を受けた表示内容
グルコシルセラミド	本品は、肌から水分を逃がしにくくするグルコシルセラミドを含んでいるので、肌が乾燥しがちな方に適しています。

表2-14 特定保健用食品の成分と表示内容

出典：消費者庁「特定保健用食品許可（承認）品目一覧」

栄養成分	1日当たりの摂取目安量に含まれる栄養成分量（下限-上限）	栄養機能表示
ビタミンA	135μg-600μg（450IU-2,000IU）	ビタミンAは、夜間の視力の維持を助ける栄養素です。
ビタミンB_1	0.30mg-25mg	ビタミンB_1は、炭水化物からのエネルギー産生と皮膚や粘膜の健康維持を助ける栄養素です。
ビタミンB_2	0.33mg-12mg	ビタミンB_2は、皮膚や粘膜の健康維持を助ける栄養素です。
ビタミンB_6	0.30mg-10mg	ビタミンB_6は、たんぱく質からのエネルギーの産生と皮膚や粘膜の健康維持を助ける栄養素です。
ビタミンB_{12}	0.60μg-60μg	ビタミンB_{12}は、赤血球の形成を助ける栄養素です。
ビタミンC	24mg-1,000mg	ビタミンCは、皮膚や粘膜の健康維持を助けるとともに、抗酸化作用を持つ栄養素です。
ビタミンD	1.50μg-5.0μg（60IU-200IU）	ビタミンDは、腸管でのカルシウムの吸収を促進し、骨の形成を助ける栄養素です。
ビタミンE	2.4mg-150mg	ビタミンEは、抗酸化作用により、体内の脂質を酸化から守り、細胞の健康維持を助ける栄養素です。

表2-15 栄養機能食品の成分とその機能表示（ビタミン）

出典：消費者庁「栄養機能食品の規格基準について」

栄養成分	1日当たりの摂取目安量に含まれる栄養成分量（下限-上限）	栄養機能表示
亜鉛	2.1mg-15mg	亜鉛は、味覚を正常に保つのに必要な栄養素です。 亜鉛は、皮膚や粘膜の健康維持を助ける栄養素です。 亜鉛は、たんぱく質・核酸の代謝に関与して、健康の維持に役立つ栄養素です。
カルシウム	210mg-600mg	カルシウムは、骨や歯の形成に必要な栄養素です。
鉄	2.25mg-10mg	鉄は、赤血球を作るのに必要な栄養素です。
銅	0.18mg-6mg	銅は、赤血球の形成を助ける栄養素です。 銅は、多くの体内酵素の正常な働きと骨の形成を助ける栄養素です。
マグネシウム	75mg-300mg	マグネシウムは、骨や歯の形成に必要な栄養素です。 マグネシウムは、多くの体内酵素の正常な働きとエネルギー産生を助けるとともに、血液循環を正常に保つのに必要な栄養素です。
ナイアシン	3.3mg-60mg	ナイアシンは、皮膚や粘膜の健康維持を助ける栄養素です。
パントテン酸	1.65mg-30mg	パントテン酸は、皮膚や粘膜の健康維持を助ける栄養素です。
ビオチン	14μg-500μg	ビオチンは、皮膚や粘膜の健康維持を助ける栄養素です。
葉酸	60μg-200μg	葉酸は、赤血球の形成を助ける栄養素です。 葉酸は、胎児の正常な発育に寄与する栄養素です。

表2-16 栄養機能食品の成分とその機能表示（ミネラル）

出典：消費者庁「栄養機能食品の規格基準について」

機能性関与成分名	機能性表示
ヒアルロン酸Na	ヒアルロン酸Naは、肌の水分保持に役立ち、乾燥を緩和する機能があることが報告されています。
米由来グルコシルセラミド	米由来グルコシルセラミドには、肌の保湿力（バリア機能）を高める機能があるため、肌の調子を整える機能があることが報告されています。
蒟蒻由来グルコシルセラミド	蒟蒻由来グルコシルセラミドは、顔やからだ（頬、背中、ひじ、足の甲）の肌の水分を逃がしにくくすることが報告されており、肌の乾燥が気になるかたに適しています。
パイナップル由来グルコシルセラミド	パイナップル由来グルコシルセラミドには、肌の潤い（水分）を逃がしにくくする機能があることが報告されています。肌が乾燥しがちな人に適しています。
サケ鼻軟骨由来プロテオグリカン	サケ鼻軟骨由来プロテオグリカンには、肌の潤いをサポートすることが報告されています。
N-アセチルグルコサミン	N-アセチルグルコサミンは、肌が乾燥しがちな方の肌の潤いに役立つことが報告されています。
アスタキサンチン	アスタキサンチンは、肌の潤いを守るのを助ける機能性が報告されています。
グルコサミン塩酸塩	グルコサミン塩酸塩は、肌の水分保持に役立ち、乾燥を緩和する機能があることが報告されています。

表2-17　機能性表示食品の成分とその機能表示
出典：消費者庁「機能性表示食品制度届出データベース」

第 3 章

入浴

入浴は身体に様々な効果をもたらす。湯に含まれる成分が持つ「成分的効果」、温熱や水圧による「物理的効果」、開放感や温泉地で環境が変わることによる「心理的効果（転地効果）」である。ここではその直接的、間接的な皮膚への効果と、見た目の老化との関係性について見ていく。

3-1 成分的効果

　入浴により、皮膚は直接的に湯に含まれる成分に接する（図3-1）。その一部は皮膚の内部に浸透して、血流を増加する等の効果を発揮する。皮膚に対する成分的な効果に関しては、「温泉の効能」として多くの知見が蓄積されている。

1）皮膚表面への効果

　入浴により、一時的には角層は水分で潤うが、入浴後に水分が蒸散し、徐々に元の状態に戻る。そのため、水分を保持する目的で、保湿剤（グリセリン、ポリエチレングリコール等）が用いられる。また水分の蒸散を防ぐ目的では被膜剤（ワセリン、ワックス等）が使用される。保湿剤や被膜剤を入浴後に塗布することに加え、入浴剤として湯に添加したり、これらを添加した湯を入浴の最後にかけ湯的に使用することで、皮膚の乾燥を防ぐことができる。

　湯に含まれる成分の一部は、入浴後に、皮膚表面の脂質等とともに乾燥して、被膜を形成する。これにより皮膚の触感が変化して、入浴の効果として認識される[40]。

　湯のpHも皮膚表面に変化をもたらす要因である。アルカリ性の温泉では皮膚の「ヌメリ感（すべすべ感）」が得られる、とされている。こ

図3-1　入浴の効果

れは皮膚表面の皮脂がアルカリと反応することで、ヌメリ感を与える物質（石鹸(せっけん)*）が形成されることによる[41]。石鹸の形成は、湯に含まれる他の成分により影響を受けるため、アルカリ性温泉といっても湯により異なるヌメリ感が生まれる。

＊　石鹸：脂肪酸がナトリウムやカリウムと反応してできる塩のことで、洗浄用に用いられる固形石鹸はこれを固めたものである。

2）皮膚内部への効果

皮膚には外界からの異物の侵入を防ぐバリア機能がある。このバリア機能の働きにより、皮膚内部への物質の浸透は選択的になっている。皮膚表面に接触した物質は、角層細胞の間や、細胞内を通過して皮膚の内部へと浸透する（図3-2）。また、毛包や、汗腺を通って浸透する経路も存在する。浸透の程度は物質の性質に大きく依存する（物質の大きさや、水や油への溶けやすさ等）。皮膚の内部まで浸透した物質は、血流に乗って体内に取り込まれる。例えば炭酸ガスは、皮膚の表面から浸透して血中に吸収されて、皮膚の血流を改善する。これは硫黄泉、硫酸塩泉、硫化水素泉塩等でも同様である。

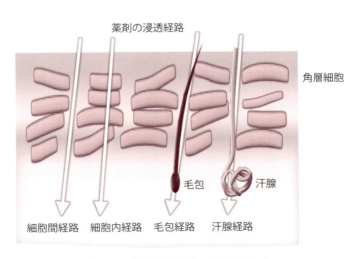

図3-2　皮膚表面からの物質の浸透

3) 温泉の効果

　入浴時の湯に含まれる成分の効果は、温泉の効果として長く研究されてきた。必ずしも全てが科学的に高いレベルで検証されているとは言えないが、長い年月をかけて蓄積されてきた知見だけに十分な価値がある。

①鉱泉の分類

　「温泉」は温泉法で次のように定義されている。「地中からゆう出する温水、鉱水及び水蒸気その他のガス（炭化水素を主成分とする天然ガスを除く）で、25℃以上で、規定の物質（**表3-1**）をいずれかひとつ有するものをいう」。

物質名	含有量（1Kg中）
溶存物質（ガス性のものを除く）	総量1,000mg以上
遊離二酸化炭素（CO_2）	250mg以上
リチウムイオン（Li^+）	1mg以上
ストロンチウムイオン（Sr^{2+}）	10mg以上
バリウムイオン（Ba^{2+}）	5mg以上
総鉄イオン（Fe^{2+}、Fe^{3+}）	10mg以上
マンガン（Ⅱ）（Mn^{2+}）	10mg以上
水素イオン（H^+）	1mg以上
臭化物イオン（Br^-）	5mg以上
よう化物イオン（I^-）	1mg以上
ふっ化物イオン（F^-）	2mg以上
ひ酸水素イオン（$HASO_4^{2-}$）	1.3mg以上
メタ亜ひ酸（$HASO_2$）	1mg以上
総硫黄（S）［HS^-＋$S_2O_3^{2-}$＋H_2Sに対応するもの］	1mg以上
メタほう酸（HBO_2）	5mg以上
メタけい酸（H_2SiO_3）	50mg以上
炭酸水素ナトリウム（$NaHCO_3$）	340mg以上
ラドン（Rn）	20×10^{-10}Ci ＝74Bq以上
ラヂウム塩（Raとして）	1×10^{-8}mg以上

表3-1　温泉法による温泉の基準

「温泉」とは、地中からゆう出する温水、鉱水および水蒸気その他のガス（炭化水素を主成分とする天然ガスを除く）で、25℃以上で、上記の物質をいずれかひとつ有するものをいう。

温泉は地上に噴出した時、または採取した時の温度により、「低温泉」、「温泉」、「高温泉」に分類される（**表3-2**）。25℃未満のものを「冷鉱泉」と呼ぶ。

鉱泉（温泉と冷鉱泉を合わせて、「鉱泉」と呼ぶ）は水素イオン濃度（pH）や、浸透圧によっても分類される。pH3.0未満のものは「酸性」、pH8.5以上のものは「アルカリ性」、またその間のpHでは弱酸性、中性、弱アルカリ性に分けられている（**表3-3**）。鉱泉の浸透圧は、溶存物質の量、または凝固点により分類される（**表3-4**）。ヒトの細胞と同程度のものを「等張性」とし、それより低いものを「低張性」、高いものを「高張性」とする。

これらの分類法に基づき、鉱泉は「浸透圧＋液性（pH）＋泉温」の順で組み合わせて命名される。例えば「高張性酸性高温泉」である（**図3-3**）。

分類		泉温
冷鉱泉		25℃未満
温泉	低温泉	25℃以上34℃未満
	温泉	34℃以上42℃未満
	高温泉	42℃以上

表3-2　鉱泉の温度による分類

鉱泉が地上にゆう出した時の温度、または採取した時の温度を泉温と言う。鉱泉は泉温により上記のように分類される。出典：環境省「鉱泉分析法指針」

分類	pH
酸性	pH3.0未満
弱酸性	pH3.0以上6.0未満
中性	pH6.0以上7.5未満
弱アルカリ性	pH7.5以上8.5未満
アルカリ性	pH8.5以上

表3-3　鉱泉のpHによる分類

鉱泉の液性は噴出時のpHにより、上記のように分類される。出典：環境省「鉱泉分析法指針」

分類	溶存物質（mg/kg）	凝固点
低張性	8,000未満	−0.55℃以上
等張性	8,000以上10,000未満	−0.55℃未満−0.58℃以上
高張性	10,000以上	−0.58℃未満

表3-4　鉱泉の浸透圧の分類

鉱泉の浸透圧は、溶存物質（ガス性のものを除く）、または凝固点により、上記のように分類される。出典：環境省「鉱泉分析法指針」

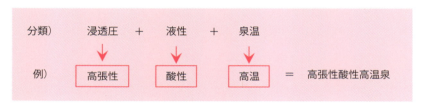

図3-3　鉱泉の分類に基づく命名

鉱泉は浸透圧、液性、泉温の順に上記のように命名される。出典：環境省「鉱泉分析法指針」

②療養泉

　温泉の中で、特に療養に役立つ温泉を「療養泉」と呼ぶ。療養泉は、温泉の条件と同様に25℃以上であり、かつ**表3-5**に示した含有成分に関する基準を少なくともひとつは満たす必要がある。

　療養泉の効果は「環境省鉱泉分析法指針」に記載されている。全ての療養泉に共通する「一般的適応症」と、泉質ごとに定められた「泉質別適応症」がある。例えば、塩化物泉の適応症は、一般的適応症に加え、塩化物泉の泉質別適応症を合わせたものとなる（**図3-4**）。**図3-5**に一般的適応症を示した。筋肉痛、関節痛、喘息、高血圧等、全身の様々な状態が記載されている。

　図3-6および**図3-7**に療養泉の「泉質別適応症」を示した。泉質は溶存物質が1,000 mg/kg未満の「単純温泉」、溶存物質を1,000 mg/kg以上含む「塩類泉」、溶存物質が1,000 mg/kg未満で特定特殊成分をその限界値以上に含有する「特殊成分を含む療養泉」に大別される。このそれぞれが、成分によりさらに詳細に分類されている。

療養泉の基準		温泉の基準
物質名	含有量（1kg中）	含有量（1kg中）
溶存物質（ガス性のものを除く。）	総量1,000 mg以上	総量1,000 mg以上
遊離二酸化炭素（CO_2）	1,000 mg以上	250 mg以上
総鉄イオン（Fe^{2+}, Fe^{3+}）	20 mg	10 mg
水素イオン（H^+）	1 mg以上	1 mg以上
よう化物イオン（I^-）	10 mg以上	1 mg以上
総硫黄（S） [HS^-＋$S_2O_3^{2-}$＋H_2Sに対応するもの]	2 mg以上	1 mg以上
ラドン（Rn）	$30×10^{-10}$Ci ＝111 Bq以上	$20×10^{-10}$Ci ＝111 Bq以上

表3-5　療養泉の基準

「療養泉」とは、温泉（水蒸気その他のガスを除く。）のうち、特に治療の目的に供しうるもので、25℃以上で、上記の物質をいずれかひとつ有するものをいう。温泉との比較のため、表右側に温泉基準を記載した。出典：環境省「鉱泉分析法指針」

図3-4　療養泉の適応症

療養泉の適応症には、全ての療養泉に共通の一般的適応症と、泉質によって定められた泉質別適応症がある。（温泉法第18条第1項「規定に基づく禁忌症及び入浴又は飲用上の注意の掲示等の基準」より）。

　また療養泉の適応症は、浴用と飲用でそれぞれ設定されている。皮膚に対しては、皮膚乾燥症への適応が、塩化物泉、炭酸水素塩泉、硫酸塩泉に記載されている。

③ホルミシス効果

　生体が外部要因にさらされた時、それが有害となる強度より弱い場合に、かえって生体にとって有用となることがある。これを「ホルミシス効果（hormesis）」という（**図3-8**）。ホルミシス効果をもたらす要因としては、紫外線や放射線、化学物質、温熱等様々な要因がある。

　例えば生体が低い放射線量にさらされた場合、細胞の防御機能が高まる。これは抗酸化酵素（スーパーオキシドディスムターゼ（SOD））や抗酸化成分（グルタチオン）等の増加と、DNA修復酵素の活性化による。こうしたホルミシス効果が期待されることから、微量の放射線が含

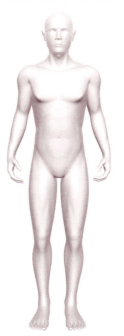

筋肉、関節の慢性的な痛みやこわばり
（関節リウマチ、変形性関節症、腰痛症、神経痛、五十肩、打撲、捻挫等の慢性期）

自律神経不安定症、ストレスによる諸症状（睡眠障害、うつ状態等）

軽い喘息・肺気腫

疲労回復期

軽症高血圧

耐糖能異常（糖尿病）

運動麻痺による筋肉のこわばり

痔の痛み

胃腸機能の低下

軽い高コレステロール血症

冷え性、末梢循環障害

疲労回復、健康増進

図3-5　療養泉の一般的適応症（浴用）

まれるラジウム温泉やラドン温泉が有用と考えられている。
④温泉の皮膚への効果
世界各地の温泉で、皮膚への様々な効果が認められている。

日本では、前述のように特定の泉質に「皮膚の乾燥」への効果が、療

---

1. 単純温泉

溶存物質（ガス性のものを除く）が 1,000 mg/kg 未満のもの。
（pH が 8.5 以上の単純温泉をアルカリ性単純温泉という）

浴用	飲用
自律神経不安定症、不眠症、うつ状態	—

---

2. 塩類泉

溶存物質（ガス性のものを除く）を 1,000 mg/kg 以上含む。
陰イオンの主成分により以下のように分類される。

1）**塩化物泉**：陰イオンの主成分が塩化物イオン、「熱の湯」と呼ばれる

浴用	飲用
きりきず、末梢循環障害、冷え性、うつ状態、<u>皮膚乾燥症</u>	萎縮性胃炎、便秘

2）**炭酸水素塩泉**：陰イオンの主成分が炭酸水素イオン、「美人の湯」と呼ばれる

浴用	飲用
きりきず、末梢循環障害、冷え性、<u>皮膚乾燥症</u>	胃・十二指腸潰瘍、逆流性食道炎、耐糖能異常（糖尿病）、高尿酸血症（痛風）

3）**硫酸塩泉**：陰イオンの主成分が硫酸イオン

浴用	飲用
きりきず、末梢循環障害、冷え性、うつ状態、<u>皮膚乾燥症</u>	胆道系機能障害、高コレステロール血症、便秘

図3-6　療養泉の泉質別適応症①（単純温泉、塩類泉）

3. 特殊成分を含む療養泉

溶存物質（ガス性のものを除く）が 1,000 mg/kg 未満で、以下の特定特殊成分をその限界値以上に含有するもの。

1) **二酸化炭素泉**：二酸化炭素を 1,000 mg/kg 以上含む、「泡の湯」と呼ばれる

浴用	飲用
きりきず、末梢循環障害、冷え性、自律神経不安定症	胃腸機能低下

2) **含鉄泉**：鉄（Ⅱ）イオン、鉄（Ⅲ）イオンを総量で 20 mg/kg 以上含む

浴用	飲用
—	鉄欠乏性貧血

3) **酸性泉**：水素イオン 1 mg/kg 以上を含む

浴用	飲用
アトピー性皮膚炎、尋常性乾癬、耐糖能異常（糖尿病）、表皮化膿症	—

4) **含よう素泉**：よう化物イオン 10 mg/kg 以上を含む

浴用	飲用
—	高コレステロール血症

5) **硫黄泉**：総硫黄 2 mg/kg 以上を含む

浴用	飲用
アトピー性皮膚炎、尋常性乾癬、慢性湿疹、表皮化膿症	耐糖能異常（糖尿病）、高コレステロール血症

6) **放射能泉**：ラドン 30×10^{-10} Ci/kg 以上（8.25 マッヘ単位以上）を含む

浴用	飲用
高尿酸血症（痛風）、関節リウマチ、強直性脊椎炎等	—

図3-7　療養泉の泉質別適応症②（特殊成分を含む療養泉）

有害とならない程度の弱い刺激
・放射線、紫外線
・温熱、寒冷
・化学物質

生体機能の亢進
・抗酸化機能の亢進
・解毒機能の亢進など

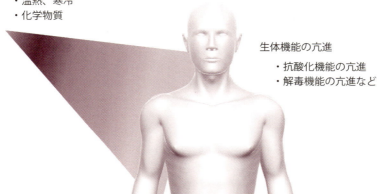

図3-8　ホルミシス効果

養泉の泉質別適応症として認められている（図3-6、図3-7）。

　これに加え、硫黄泉（野沢温泉）への２ヶ月の入浴により、皮膚の弾力性の改善が確認されている[42]。また温泉成分を模倣した炭酸水素ナトリウム浴により、皮膚の柔軟性や弾力性の改善が確認されている[43]。皮膚の弾力性が低下することで、シワやたるみが悪化する。そのため硫黄泉等には、見た目の老化の改善効果が期待される。

　コマーノスパは、イタリアの北部に位置し、その水はpH7.5、水温約27℃で、カルシウム、マグネシウムを多く含んでいる。イタリア政府の保健機関が、入浴や紫外線照射療法との組み合わせで、皮膚疾患（乾癬）に効果があることを認めている。実際にコマーノスパへの２週間の入浴によりアトピー性皮膚炎に伴うクオリティオブライフ（QOL）の改善が認められている[44]。スパの水により、表皮細胞の炎症性の因子の産生が低下することが確認されている。

　死海はイスラエルとヨルダンの間に位置し、海抜マイナス400ｍという地形的な特性を持っている。周囲の山々から流れ込む川により、塩類が運び込まれ、海水の10倍もの濃度の塩を含んでいる。また非常に

第3章 入浴

低い場所に存在することから、気圧が高く、そのため水分中の酸素濃度が高く、紫外線量が少なく、かつUVBに対するUVA比が高い。また塩類やミネラル濃度が高いことから、マグネシウム、カルシウム、カリウム、臭素を含む蒸気が蒸散している。死海の水と泥には、高い塩類、硫化物、微生物や藻類が含まれ、入浴による効果に貢献していると考えられている。死海スパや、死海の塩類を入れた入浴によりアトピー性皮膚炎患者の、皮膚のバリア機能の回復や、水分量の改善、アトピー性皮膚炎の症状の改善が認められている[45,46]。

　ブルーラグーンは、アイスランドの活発な火山群の中に位置する温泉湖である。地熱発電のために、地下2kmから汲み上げた240℃の高温水から水蒸気を取り出し、残った高濃度の塩分を含む温水が排出されてできている。pH7.4で水温は約37℃で、高濃度のケイ素を含むため、青白く濁っている。温泉成分の塗布により、皮膚のバリア機能の回復が認められている。これは表皮細胞のバリア形成に関連する因子が増加することによるとされている。また真皮のコラーゲンが増加することも示されている[47]。バリア機能は、皮膚の乾燥を防ぐ上で重要な皮膚機能である。乾燥は小ジワ形成に繋がることから、こうした温泉やその成分はシワ改善に有用と考えられる。

3-2　物理的効果

　入浴により身体には水圧や浮力、温熱といった物理的な刺激が加わる。温熱刺激は、細胞表面のセンサー（TRP受容体）により感知される。また細胞内には熱に対応する因子（ヒートショックプロテイン）が誘導される。これにより細胞内では様々な反応が誘導されて、温熱刺激に応答する。こうした刺激に対する応答を活用することで、皮膚状態の改善を狙うことが可能となる。

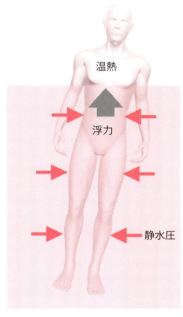

図3-9　入浴の物理的効果

1）圧力、浮力

　入浴により皮膚や内部組織には水圧が負荷される（**図3-9**）。入浴により身体が受ける水圧は、静水圧と呼ばれる。水深50 cmの浴槽に入浴することで、最深部で50 gw/cm^{2}程度の静水圧を受ける。これにより、成人男性で胸囲が0.5 cm程度、腹囲が0.8 cm程度減少する[48]。＊

　また浮力により筋組織への重力負荷が軽減され、リラックスした状態となる。こうした物理的な刺激が皮膚や皮下組織の細胞を刺激することで、様々な効果が期待される。

＊：「入浴により腹囲が数cmも減少する」、というWitzlebの報告が引用されることもあるが、これは計測上の問題と考えられている。

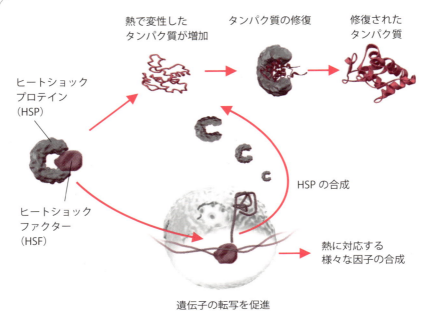

図3-10　ヒートショックプロテイン

2）ヒートショックプロテイン

　温熱刺激は、生体の様々な機能を高める。温熱により細胞内ではヒートショックプロテイン（HSP）が誘導される（**図3-10**）。通常、HSPは細胞内の物質（タンパク質）を正しい形状に整える働きをする。温熱により細胞内では、熱変性したタンパク質が増加する。HSPはそれを認識して結合し、変性したタンパク質を修復する。

　HSPは通常熱ショック因子（HSF：Heat shock factor）に結合している。HSPが熱変成したタンパク質の修復に動員されると、HSFはHSPから解離する。解離したHSPは、核に移行して、HSPの合成を促進する（HSP遺伝子の転写促進）。合成されたHSPは、さらに熱変性したタンパク質の修復を進める[49]。さらに、HSFは、温熱刺激に対応する様々な物質を誘導し、熱への対応を進める。

HSPは温熱だけではなく、酸化や物理的な刺激、化学物質等の要因でも誘導される。そのため、HSPはストレスに対応する因子と考えられている。

皮膚片に温熱刺激を加えることで、コラーゲン産生が高まることが示されている[50]。このように、皮膚に適度な温熱刺激を加えることで、皮膚の状態を改善する試みが進められている。

3）温度センサー

神経の終末にはTRP受容体（トリップ受容体）が存在し、温度のセンサーとして機能する（図3-11）。TRP受容体には複数の種類が存在し、それぞれ異なる温度を感知する。これにより冷感から温感まで、広い温度範囲を感知することが可能となる。センサーが受けた刺激は、電気信号に変換されて、脊髄や脳に伝えられ、体の反応が引き起こされる。

TRP受容体は表皮細胞にも存在する[51]。表皮細胞は温度刺激を感知す

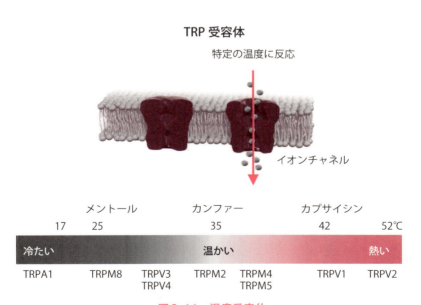

図3-11　温度受容体

ると、それを伝える物質（ATP）を分泌し、神経細胞に温度情報を伝える。

　TRP受容体の反応性は、状況により変化する。例えばTRPV1は通常43℃付近の温度に反応し、「熱い」という信号を伝える。しかし炎症反応が起きると、TRPV1の反応性が変化し、より低温でも反応するようになる。そのため普段は熱いと感じない温度を、熱く感じるようになる。これは炎症により産生される物質（プロスタグランジン等）がTRPV1に作用し、反応性を変化させるためである。

　TPRV1からの信号は、交感神経を刺激することで、熱の産生を促す。また、血流の増加や炎症反応にも関与する。TRPV1は熱だけではなく、カプサイシン（唐辛子の辛さの成分）にも反応する。そのため、唐辛子により「熱さ」を感じる。

　TRPM8は冷感に反応する受容体である。ミントにも反応するため、ミントにより「冷たさ」を感じる。このように、TRP受容体は、温度以外の様々な物質に反応する。このTRP受容体の特性を活用し、血流の改善や、炎症反応の抑制を狙った成分開発が行われている。

4）脂肪組織への影響

　温熱刺激は、脂肪細胞の形成を抑制する（図3-12）。これは温熱刺激が脂肪細胞の形成（分化）を制御する因子を抑制することによる[52]。ま

図3-12　温熱による脂肪細胞の形成抑制

た圧力等の刺激も脂肪細胞の形成に影響を及ぼす[53]。このような刺激を組み合わせることで、脂肪量を制御する試みが行われている。

5）入浴の皮膚への効果

表皮の基底層付近は、その直下に流れる血流の影響で37℃付近に保たれている。しかし表皮層には血管がないため、外側は血流の影響が少なく、最外層では33℃付近となる[54]。こうした温度のグラジエントが表皮層には存在している。

表皮層のバリア機能は温度により変動する[55]。バリア機能は外部からの異物の侵入を防ぐとともに、皮膚表面からの水分の蒸散を防ぎ、皮膚の潤いを保つ重要な機能である。皮膚の外部温度が36℃から40℃では、ダメージ後のバリア機能の回復が促進される。34℃または42℃ではバリア機能の回復が遅れる。これには、温度を感知するTRP受容体が関係する。TRPV1（42℃以上を感知）に作用する成分はバリア機能の回復を遅延させる。一方、TRPV4（35℃付近の温度を感知）に作用する成分はバリア機能の回復を促進する。これはTRPV4が反応することで、表皮細胞同士の結合によるバリア形成を促進することによる。

バリア機能が低下すると、皮膚表面は乾燥し、小ジワに繋がる。そのため、温度刺激やそれを模倣した成分による刺激は、シワ改善の有用な手段となる。実際、温熱刺激により、見た目の老化が改善されている。スチームによる温熱刺激（皮膚表面を40℃以上とする）を1日10分2ヶ月間継続することで、顔面のシワとたるみが改善されている[56]。

入浴後に「皮膚が乾燥する過程」は、スキンケアの重要な基点となる。角層は通常は空気に暴露されており、比較的乾燥した状態にある。入浴などで一旦水分が加わり、緩やかに乾燥すると、角層の透明度が改善する[57]。これは角層が水を含んで緩やかに再乾燥する過程で、角層細胞の間に存在する細胞間脂質の構造性が整うことによる。角層の透明度は、皮膚の透明感*を維持する上で、重要な要素である。そのため、入浴後の皮膚の乾燥過程をコントロールすることで、皮膚の透明感を改善

することが可能となる。

＊　皮膚の透明感：皮膚に当たった光は角層を通過して、皮膚の内部で反射して、再び角層を通過して外部に出て行く（内部反射光）。この内部反射光が減少すると、皮膚の透明感が失われる[58]。

3-3　心理的効果

> 入浴はストレスを軽減する。生体に加わる外的、内的な刺激はストレッサーと呼ばれる。ストレスには、快、不快の両方向が存在するが、一般には好ましくない刺激を指すことが多い。過度のストレスが加わると生体の恒常性は乱れ、様々な疾患に繋がる。

　ストレスにより、脳の視床下部から副腎皮質刺激ホルモン放出ホルモン（CRH）が分泌される（図3-13）。CRHは脳下垂体に作用し、副腎皮質刺激ホルモン（ACTH）が分泌される。ACTHは血流に乗り、副腎皮質に到達すると、グルココルチコイドの一種であるコルチゾールが分泌される。このようにストレスにより血中のコルチゾール濃度が増加する。

　コルチゾールは脱毛や、皮膚病等、様々な影響を皮膚に及ぼす。またコルチゾールにより、皮膚のバリア機能の回復が遅延する。バリア機能の低下により、皮膚は乾燥し、小ジワが形成される。またストレスは肥満や、血糖値上昇の要因となる[59]。これらもまた見た目の老化の要因となっている。そのため、ストレスを軽減することは、見た目の老化を改善する上で重要な基点となる。

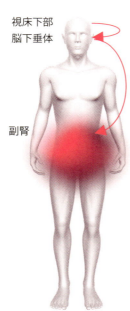

図3-13　ストレスによるホルモン分泌

第 4 章

運動

運動(エクササイズ)は身体の状態に様々な影響を及ぼす。エネルギー代謝を高めることで、見た目の老化の要因となる「増加した脂肪組織」や、「高い血糖値」を改善することが可能となる。エクササイズに伴い、筋肉や骨から様々な因子が分泌されるが、それらによる間接的な効果も期待される。マッサージやストレッチは、しばしばエクササイズと混同されるが、目的や方法が大きく異なる。ここではエクササイズに加え、これらの手法の特性と皮膚への作用も併せて見ていく。

第4章 運動

4-1 エクササイズ

> エササイズは、筋機能の改善を目的に行う活動である。エクササイズには有酸素運動、無酸素運動等があり、目的別に行う必要がある。エクササイズに伴い、筋組織や骨組織から様々な因子が分泌され、多様な作用を発揮する。

1）エクササイズとは

　エクササイズは主に筋肉の機能の改善を目的として、意図的に行う活動のことである。またエクササイズは、代謝機能の改善や血流の改善等、様々な効果を身体にもたらす。エクササイズにより、筋肉から分泌性の因子（マイオカイン）が血中に分泌され、これが体の各所で多様な働きをする（後述）。このようにエクササイズは直接、間接的に身体に有用な作用をもたらす。

2）骨格筋

　筋組織の成り立ちを知ることは、効果的にエクササイズを行う上で必要となる。エクササイズが対象とする筋肉は、骨格筋である。骨格筋は主に体を支え、動かす筋肉で、意識的に動かすことができることから、「随意筋」とも呼ばれる。筋肉には他にも、内臓や血管を取り巻く「平滑筋」、心臓を構成し、拍動を生み出す「心筋」が存在する。平滑筋と心筋は意識的に動せないことから、「不随意筋」と呼ばれる。骨格筋と心筋は縞模様の構造を持つことから、「横紋筋」とも呼ばれる。

　骨格筋は「筋線維」が寄り集まってできている（図4-1）。筋線維は、その特性により遅筋（typeⅠ：赤筋*）と速筋（typeⅡ：白筋）に大別される（図4-2）。またtypeⅡは、typeⅠに近いtypeⅡAと、typeⅡB

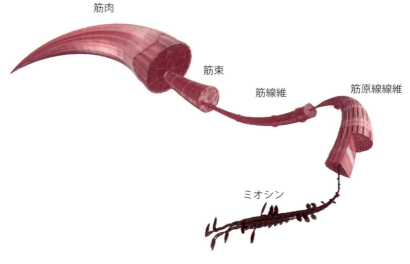

図4-1 筋肉の構造

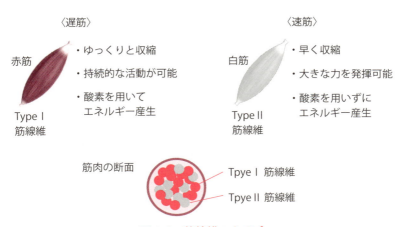

図4-2 筋線維のタイプ

両者の中間タイプの筋が存在する。また実際の筋肉は両者がモザイク状に混ざった状態となっている。

に分けられる。通常の筋組織は、これらの線維がモザイク状に混じり合っている。

　ゆっくりと収縮する遅筋（typeⅠ線維）は、持続的な活動が可能である。活動に必要なエネルギーは、酸素を用いて作り出す（酸化的リン

酸化)。早い収縮をする速筋 (type II 線維) は、大きな力を発揮することが可能である。しかし持続時間は短く、疲労して機能が低下する。速筋は活動に必要なエネルギーを、酸素を用いずに作り出す (解糖系)。

例えばヒラメ筋では type I 線維と type II A 線維が多く、主に酸素を用いて活動に必要なエネルギーを産生する。これに伴い (酸化的リン酸化)、糖や脂肪がより多く代謝される。そのためエネルギー消費量を増やし、減量を図るには、type I 線維の活用が有用と考えられている。姿勢の保持や、高齢者の転倒防止のためには、Type II 線維を維持することが必要である。

エクササイズは、その内容により筋線維タイプにフォーカスして強化することが可能である。このようなエクササイズの種類について、以下で見ていく。

* 赤筋：type I 線維は酸素を用いてエネルギーを産生するため、酸素を貯蔵するミオグロビンが多量に存在する。このミオグロビンが赤色のため、type I 線維は赤く見え、赤筋と呼ばれる。

3) エクササイズの種類

加齢や活動量の減少により、筋組織は萎縮する。筋機能を改善するためには、エクササイズが有用である。エクササイズは大きく有酸素運動と無酸素運動に大別される (図4-3)。

①有酸素運動

有酸素運動は、ジョギングや水泳等、長い時間継続して行う運動のことである。筋肉が活動を行うには、筋肉中に蓄えられた糖 (グリコーゲン) をエネルギー源として消費する。しかし糖の貯蔵量は限られているため、不足したエネルギーを補うために、脂肪を多く消費するようになるが、その際に酸素が必要となる。そのため継続して運動を行うには、酸素を取り入れる必要がある。これが有酸素運動であり、脂肪を消費することで、エネルギー消費を高めることができる。有酸素運動により type I 線維の強化を図ることができる。また有酸素運動は、酸素を多

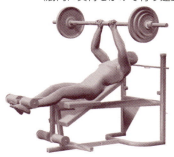

有酸素運動
ジョギング、水泳等

無酸素運動
レジスタンストレーニング
（筋肉に負荷をかけて行う運動）

・持続して行う運動
・酸素からエネルギーを産生
・エネルギー消費や、呼吸器、循環器機能を高める

・短時間に強い力を必要とする運動
・主に無酸素的にエネルギーを産生
・筋肉からの成長ホルモンの分泌を誘導

図4-3　エクササイズの種類

く取り入れるため、呼吸器や循環器の機能を高める効果もある。

②**無酸素運動**

　無酸素運動とは、短距離走や重量上げ等、短時間に強い力を必要とする運動のことである。その際、筋肉は活動に必要なエネルギーを無酸素的に生み出す（呼吸をしないということではない）。無酸素運動によりtype II 線維の強化を図ることができる。筋肉に負荷をかけて行うレジスタンストレーニングの多くは無酸素運動に含まれる。

4）**マイオカイン**

　エクササイズに伴い筋肉からは多様な因子が分泌され、血流に乗り様々な組織に作用する（図4-4）。また筋肉自身に作用する因子もある。これらは主に「マイオカイン」と呼ばれる（アミノ酸等の代謝産物はメタボカインと呼ばれる）。

IL-6：IL-6は運動中に筋細胞から血中に分泌される。IL-6は小腸のL細胞に作用し、消化管ホルモンのひとつであるGLP-1（グルカゴン様

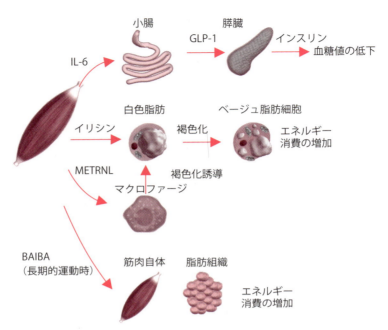

図4-4 筋組織が分泌する因子：マイオカイン

ペプチド-1）の分泌を促進する。GLP-1は食事に対応してL細胞から分泌されるホルモンで、膵臓に作用することでインスリンの分泌を促進し、血糖値を低下させる。こうした有用な作用が注目され、GLP-1に基づく糖尿病治療薬が使用されている。GLP-1は、血糖値を下げるだけではなく、摂食を抑制する作用も持つ。

イリシン：運動により筋細胞から分泌されるイリシン（Irisin）は、脂肪組織に作用して、これをエネルギー消費量の高い褐色脂肪細胞に変える（後述する褐色化：Browning）。これにより、エネルギー消費が増加し、体重の減少を誘導する他、糖代謝を改善する。

METRNL：運動により筋細胞から分泌され、脂肪組織中のマクロファージに作用して、間接的に脂肪細胞の褐色化を誘導する。これによりエネルギー消費を増加する。

BAIBA（Baminoisobutyric acid）：比較的長期的な運動により筋細胞か

ら分泌される。筋肉自体や脂肪組織のエネルギー代謝を増加し、糖代謝を促進する。

このようなマイオカインの働きにより、運動による減量効果や血糖値の改善作用が増強される。またマイオカインや、それによる細胞応答をターゲットとする成分により、同様の効果を狙うことが可能となる[60]。

5）脂肪組織

脂肪細胞には「白色脂肪細胞」、「ベージュ脂肪細胞」、「褐色脂肪細胞」が存在する（**図4-5**）。白色脂肪細胞は脂肪酸を貯蔵して、生体が活動するためのエネルギー源とする。活動時など、必要に応じて血中に脂肪酸を放出する。そのため、白色脂肪細胞はエネルギーの貯蔵細胞として機能する。

これに対して褐色脂肪細胞は、多くのミトコンドリアを含み、またそこには熱を産生するシステム（脱共役タンパク質UCP1）が多く存在する。そのため褐色脂肪細胞は、脂肪酸を元に熱を産生する、熱産生細胞として機能する。その際に脂肪を代謝してエネルギーを消費することか

白色脂肪細胞
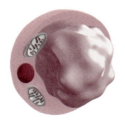
・脂肪を貯蔵
・必要時に脂肪酸を放出

エネルギー貯蔵細胞

ベージュ脂肪細胞

・熱を産生
・ミトコンドリアを多く含む
・白色脂肪の間に散在

褐色脂肪細胞

・熱を産生
・ミトコンドリアを多く含む
・成人では存在量が少ない

エネルギー消費細胞

図4-5　脂肪細胞の種類

ら、エネルギー消費細胞とも呼ばれる。

　ベージュ脂肪細胞は、褐色脂肪細胞と同様にミトコンドリアを多く含み、熱を産生するシステムが多く存在する。そのため、ベージュ脂肪細胞もエネルギー消費細胞として機能する。ベージュ脂肪細胞は、白色脂肪細胞の間に散発的に存在する。エクササイズや、寒冷刺激、PPARγ*作動薬等により、白色脂肪組織の中に誘導される（図4-6）。これを白色脂肪の「褐色化（browning）」と呼ぶ。刺激が無くなるとベージュ脂肪細胞は消失する。

　これまで褐色脂肪細胞は肥満改善のターゲットとして注目されてきた。しかし成人では存在量が極めて少なく、また個人差も大きい。一方でベージュ細胞は褐色化により、誘導することが可能である。そのため、肥満改善のための有用なターゲットと考えられている。

＊　PPARγ：peroxisome proliferator-activated receptorγ（ペルオキシソーム増殖剤活性化レセプターガンマ）。脂肪細胞の状態を決めるマスターレギュレータ（転写因子）。細胞のインスリンに対する感受性を高めるため、糖尿病治療のターゲットとなっている。PPARγ作動薬としてチアゾリジン誘導体（ピオグリタゾン等）が開発されている。

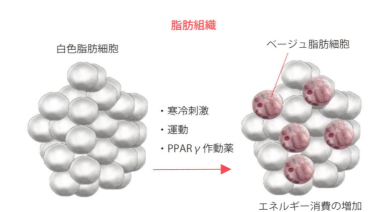

図4-6　ベージュ脂肪細胞の誘導（褐色化：browning）

6）骨組織

　エクササイズは骨組織にも作用する。これまで骨は、全身を支える単なる構造体と考えられてきた。しかし最近の研究で、骨は様々な因子を分泌し、代謝や脳機能を制御することで全身の状態をコントロールすることが明らかになってきた。骨が分泌する因子は「オステオカイン」と呼ばれる。

オステオカルシン：骨の表面には骨を作り出す「骨芽細胞」が存在する（図4-7）。骨芽細胞はオステオカルシンを合成する。その大半は骨組織中に取り込まれるが、一部は血中に分泌される（図4-8）。オステオカルシンは膵臓のβ細胞に存在する受容体（GPRC6A）に作用する。これによりインスリンの分泌が促進されて、血糖値が低下する。またオステオカルシンは小腸のL細胞にも作用する。これにより消化管ホルモンのひとつであるGLP-1の分泌が促進されて、血糖値が低下する。

LCN2（リポカリン2）：骨芽細胞が分泌する因子で、脳の視床下部の受容体（MC4R）に作用することで、食欲を抑制する。

FGF23：骨の細胞の大半を占める骨細胞は、リンの摂取量に応じてFGF23を分泌する。FGF23は腎臓の尿細管に存在するKlotho（受容

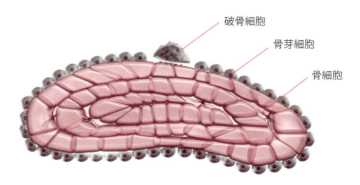

図4-7　骨の構造

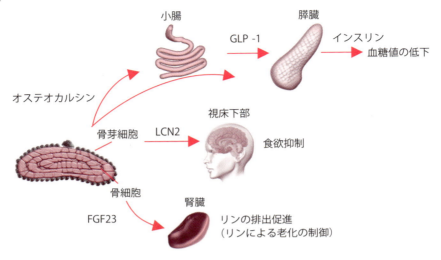

図4-8　骨が分泌する因子：オステオカイン

体）に作用し、リンの再吸収を抑制することで、リンの排出を促進する。骨を構成する成分がリン酸カルシウムであり、骨の細胞が分泌性の因子（FGF23）により、リンの量を制御するシステムは、容易に理解できる。一方でKlothoが欠損すると、血中のリン濃度が増加し、早老症や腎障害に繋がる。また慢性腎障害患者では、Klothoの発現量の低下や血中のリン濃度の増加に加え、筋量の低下も認められる。これに対してリンの摂取量を制限することで、一定の効果が認められる。こうした関連性から「リンによる老化」という概念が提唱されている。

このようにオステオカインは肥満や高い血糖値等を改善する作用を持っている。オステオカインの分泌を高めるには、エクササイズが有用である。ジャンプトレーニングやレジスタンストレーニングにより、オステオカルシンが分泌されることが確認されている[61]。

7）カロリー制限

　カロリー制限を行うことで、細胞内では「Sirtuin（サーチュイン）」が誘導される。サーチュインは酵母で見つかった酵素で、酵母でこれを増加させると寿命が延長したことから、長寿遺伝子と呼ばれている（**図4-9**）。サーチュインはヒトにも存在する。サーチュインは活性化すると、細胞内で様々な反応を引き起こす*。膵臓ではインスリンの分泌を促進し、血糖値を低下させる。脂肪組織では、その増大を抑制し、脂肪細胞の褐色化を誘導し、アディポネクチンの分泌を促進する。アディポネクチンは皮膚の線維芽細胞に作用し、コラーゲンやヒアルロン酸の産生を高める有用な作用を持つ（美肌因子）[4]。肝臓や骨格筋では、ミトコンドリアを増やし、脂肪の代謝を高める。さらに各種組織で炎症を抑制し、ダメージ抵抗性を高める。

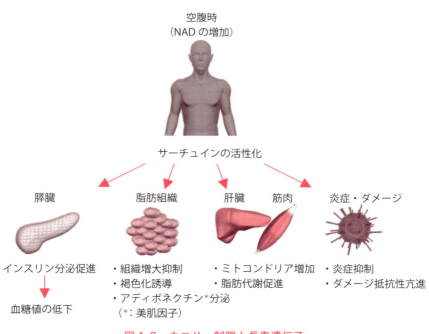

図4-9　カロリー制限と長寿遺伝子

第4章　運動

　サーチュインは、NAD（ニコチンアミドアデニンジヌクレオチド）により活性化される。NADは飢餓の際に、細胞内で増加する。NADを合成する能力は加齢とともに低下する。そのため、アンチエイジング効果を狙い、NADを供給する成分の開発が行われている。

　またサーチュインを活性化する成分の探索も行われている[62]。赤ワインに含まれるレスベラトロールは、サーチュインを活性化する。そのため、レスベラトロールはアンチエイジング成分として開発が進んでいる。

　このようにサーチュインは肥満を改善し、美肌因子（アディポネクチン）を増加させる等、見た目老化改善に有用な機能を持っている。エクササイズは、このサーチュインを増加させることが認められている[63]。

＊　サーチュインの機能：サーチュインは、アセチル基を外す酵素活性を持っている。細胞内の様々な因子の活性は、アセチル基が付くことで制御されている。そのためサーチュインが活性化して、アセチル基を外すと、これが引き金となって多様な因子の活性が変化し、細胞の状態が大きく変動する。

8）エピゲノム

　生命活動を維持する上では、細胞内で必要な物質が作られる必要がある。細胞内で遺伝子が読み取られることで（転写）、その遺伝子に対応する物質が合成される。どの遺伝子をどの状況で転写すべきかは、細胞ごとに厳密に制御されている。その中でも重要な制御システムは、遺伝子をいくつかの方法で修飾することである（図4-10）。DNAにメチル基を付ける（メチル化）、DNAと結合しているヒストンにアセチル基を付ける（アセチル化）等の修飾である。これにより、転写されやすさが大きく変化する。これを「エピゲノム制御」という。

　体の中の細胞は、全て同じ遺伝子を持つにも関わらず、骨や筋肉等、異なる特性を持っている。これを可能としているのは、エピゲノム制御である。

　エピゲノムは、栄養状態やストレス等、環境からの影響を受ける。例

図4-10　遺伝子を制御するエピゲノム

えば、同じ遺伝子を持つ一卵性双生児が、年月がたつにつれて、異なる性質を持つのは、環境によりエピゲノムが変化することが関係している。

　過食を繰り返すことで、細胞の代謝を制御するエピゲノムが変化し、脂肪を貯蔵するようになる。また過食により脳のエピゲノムが変化し、食事による満足感が低下する。こうしたエピゲノムの変化により、太りやすい体質へと変化する。

　エピゲノムは皮膚状態の制御にも直接的に関係している。表皮細胞の分化過程や[64]、細胞の老化に伴い多くの遺伝子のエピゲノムが変化する[65]。

　紫外線により真皮のコラーゲンの分解が進む。これは紫外線により、分解を抑制する因子（TIMP2：tissue inhibitor of metalloproteinase 2）のエピゲノムが変化して（TIMP2遺伝子のメチル化の増加）、減少することが関係している[66]。

　弾性線維は、皮膚に弾力を与える真皮の成分であるが、加齢に伴いその状態は悪化する。この原因として、弾性線維の形成に関与する因子（LOXL-1：Lysyl oxidase-like 1）のエピゲノムが変化すること（DNA

のメチル化の増加）が示されている[67]。

　そのためエピゲノムをコントロールすることで、皮膚や皮膚に影響する組織の状態を改善することが可能となる。エクササイズにより、筋組織のエピゲノムが変化することが確認されている[68]。またエクササイズと食事制限との組み合わせの有用性も確認されている。

9）エクササイズの皮膚への効果

　有酸素運動を3ヶ月間行うことで、加齢に伴う角層の肥厚が改善し、真皮のコラーゲンが増加することが確認されている。エクササイズにより筋組織から分泌されたマイオカイン（IL-15）が分泌され、真皮の線維芽細胞のミトコンドリアの形成を高め、コラーゲン産生を促進するためと考えられている[69]。

　一方、屋外での運動により、皮膚への紫外線ストレスが蓄積する。また季節により乾燥ストレスも加わる。皮膚状態の改善を目的とした運動を行う際は、このような環境要因も考慮に入れる必要がある。

4-2　マッサージ

> 　マッサージは、押す、揉む等の刺激を皮膚表面から加える施術である。マッサージ刺激は、細胞が物理的な刺激を感知するシステムに作用し、細胞に様々な反応を誘導する。また刺激は感覚器に感知されて、神経を介して脳に伝えられる。これがホルモンの分泌等に影響することで、全身性の作用を引き起こす。

1）マッサージとは

　マッサージは押す、揉む等の刺激を皮膚表面から身体に加え、血液やリンパ流、筋肉の緊張等の改善を目的として行う施術である。明確な定

義はなく、様々な手法が存在する。

　マッサージ刺激は「加圧（押す）」、「伸展（引っ張る）」、「弛緩（ゆるめる）」、「摩擦する」といった要素が中心となり、各要素の与え方や、組み合わせで様々な施術となる（図4-11）。

2）マッサージが細胞に与える影響

　マッサージは、皮膚を変形することで、皮膚の細胞を刺激する。こうした機械的な刺激（メカニカルな刺激）を感知するシステムを「メカノセンシング」と呼ぶ（図4-12）。

　細胞はその周辺の物質に接着して存在する。真皮の線維芽細胞は、コラーゲン線維に、表皮の基底細胞は基底膜に、また表皮の有棘細胞は周囲の細胞に接着している。細胞にメカニカル刺激が加わると、接着部分には刺激に抵抗する力（応力）が発生する。この応力は、細胞内部に張

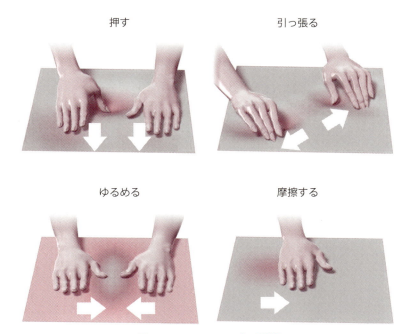

図4-11　マッサージの刺激

第4章 運動

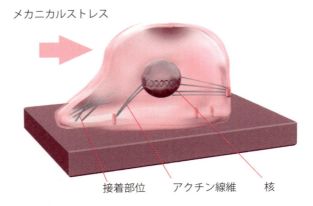

図4-12 細胞がマッサージ刺激を感知する仕組み：メカノセンシング

り巡らされたアクチン線維を変形する（アクチン線維：細胞を内部から支える構造で細胞骨格と呼ばれる構造の一種）。これにより、アクチン線維に結合していた分子が外れ、細胞内で様々な働きを行うようになり、細胞の多様な反応が引き起こされる。これはメカノセンシングの一例であるが、接着分子やアクチン線維は、メカニカル刺激を感知する装置として働くため、「メカノセンサー」と呼ばれる。

　周囲との結合状態が変化すると、細胞の機能が変化する。加齢に伴い、皮膚には紫外線による障害が蓄積し、真皮のコラーゲン線維が断片化する。そのため真皮の細胞（線維芽細胞）は、コラーゲンに結合することが困難になり、細胞の機能が低下する。これに対応して、ヒアルロン酸等を皮膚に投与し、物理的に細胞を伸展させることで、細胞の機能を改善する方法が検討されている[70]（**図4-13**）。

　真皮の線維芽細胞は、機械的な刺激を受けると、増殖が促進し、コラーゲンの分解を抑制する因子を分泌する（TIMP：tissue inhibitor of metalloproteinase、コラーゲンを分解するMMPを抑制）（**図4-14**）[71]。

　また細胞は周囲の硬さを感知して、その性質を大きく変える。幹細胞（様々な細胞のもととなる細胞）は、周囲が硬い場合は骨の細胞に、柔らかい場合は神経の細胞となる[72]（**図4-15**）。また細胞にはより硬い環

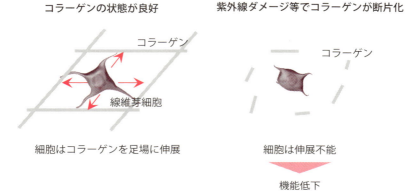

図4-13　周囲の環境が線維芽細胞に及ぼす影響

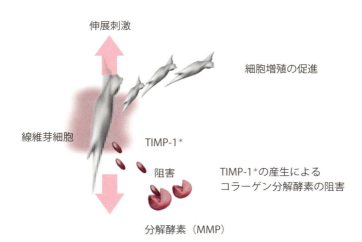

図4-14　線維芽細胞の機械的な刺激への応答

境の方に引きつけられて移動する性質もある（メカノタキシス）（図4-16）。場の硬さもメカノセンサーにより感知されている。

3）感覚受容器によるマッサージ刺激のセンシング

　マッサージ刺激は、皮膚の感覚受容器で感知され、神経により脳に伝えられる。皮膚には複数の感覚受容器が存在し、それぞれ異なる刺激を

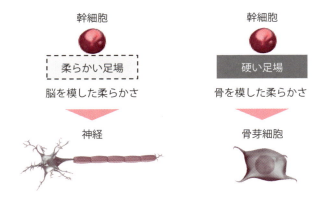

図4-15　周囲の環境が決める細胞の運命

図4-16　細胞は硬い環境の方に移動する：メカノタキシス

探知している（図4-17）。

　メルケル盤は表皮の最下層に存在する円盤状の受容器で、非常に弱い変形刺激を感知する。これにより皮膚は、接触する物体の微妙な形状の把握が可能となる。メルケル盤は刺激に対して、持続的に反応する。

　マイスナー小体は真皮の最上部に位置する球状の受容器で、変形刺激の変化を感知する。つまり持続的な刺激ではなく、それが僅かでも変化する際に反応する。

　ルフィニ小体（ルフィニ終末）は、真皮の深い部分に存在する細長い形状の受容器で、皮膚の引っ張り刺激に強く反応する。刺激が持続している限り、持続的に反応する。

　パチニ小体は皮膚の深い部分に存在する。微弱な刺激にも反応するが、持続的な刺激ではなく、その変化に対して反応する。

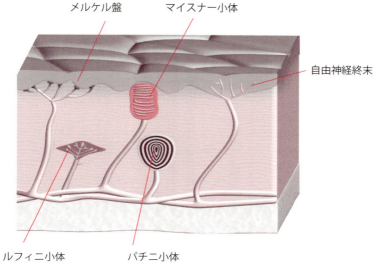

図4-17　皮膚の感覚器

　このように、受容器の組み合わせで、刺激を詳細に把握することが可能となる。皮膚の浅い部分ではメルケル盤とマイスナー小体が、深い分ではルフィニ小体とパチニ小体が刺激を感知する。また、刺激の持続性や強さを、メルケル盤とルフィニ小体が、刺激の変化をマイスナー小体とパチニ小体が感知する。

　こうした機械的な刺激の受容器は加齢とともに減少し、皮膚の感覚の低下に繋がる。

　また表皮には受容器のない自由神経終末が存在する。これは、痛み、かゆみ、化学物質、温度等の刺激を感知している。

　皮膚の毛包には、Ｃ線維と呼ばれる神経線維が存在し、毛の動きに対して反応する。Ｃ線維は痛みやかゆみ、温度等を伝える。また秒速５cm程度の、非常にゆっくりと撫でられた刺激を伝え、心地よい感覚として認識される。

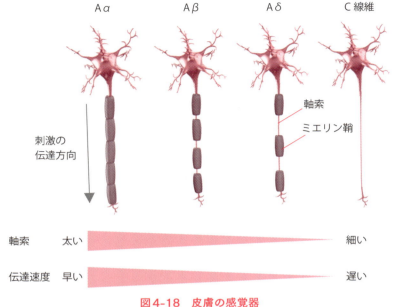

図4-18 皮膚の感覚器

4）マッサージ刺激の伝達

　このようにして捉えられた刺激は、神経線維により脊髄や脳に伝えられる。神経線維にはいくつかの種類が存在する（図4-18）。軸索が太いものがA線維で、ミエリン鞘という軸索を被覆する構造があるため、信号を伝える速度（伝達速度）が早い。A線維の中で、Aα（α：アルファ）線維は筋肉や腱、関節からの信号を伝達する。Aβ（β：ベータ）線維は上記の皮膚の受容器からの信号を伝達する。Aδ（δ：デルタ）線維は、軸索が細く、ミエリン鞘も少ないため、伝達速度はやや遅い。Aδ線維は、痛みや温度刺激を伝える。C線維にはミエリン鞘がなく、伝達速度が非常に遅い。

　神経線維を介して脳に伝えられたマッサージ刺激は、副交感神経の活動を高める。これにより、血中や尿中のアドレナリンやノルアドレナリンが低下し、セロトニンが増加、コルチゾールが低下する。これにより

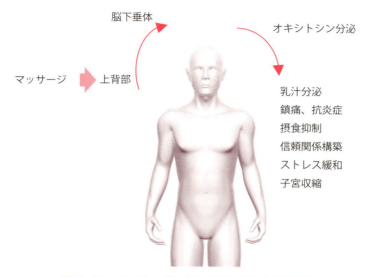

図4-19　マッサージによるオキシトシンの分泌

血圧や脈拍が低下して、心理的ストレスの改善に繋がる。

5）マッサージ刺激がホルモン分泌に及ぼす影響

　脳に伝えられたマッサージ刺激は、ホルモンの分泌も促し、全身に影響を及ぼす。

　オキシトシンは脳下垂体後葉から分泌されるペプチドホルモンである（**図4-19**）。発見された当初は子宮収縮、乳汁分泌作用が知られていたが、信頼関係の構築、鎮痛、抗炎症、ストレス緩和、摂食抑制作用等が報告され、幸せホルモン等と呼ばれている。上背部をマッサージすることで血中のオキシトシン濃度が増加する[73]。オキシトシンは、表皮や真皮の細胞に作用し、酸化ストレスや炎症反応を軽減すると考えられている[74]。またオキシトシン自身が、皮膚の表皮細胞から分泌される[75]。

6）マッサージの皮膚への効果

　マッサージの効果は、手技により異なるが、ストレスの軽減以外に

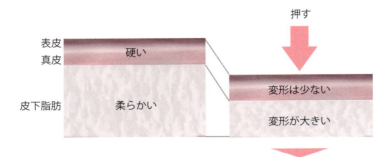

図4-20　マッサージ刺激のロス

も、睡眠の改善、疲労感の改善等が認められている。

　皮膚自体のマッサージを目的とする場合は、刺激が目的とする部位に与えられているかを考慮する必要がある。これは柔軟な皮下脂肪層が刺激を吸収するためである（**図4-20**）。

　一方で、強い刺激や、慢性的な刺激が皮膚の微細な構造に悪影響を及ぼす可能性もある。顔面に存在する表情筋は、体部の筋肉と比較して概して繊細であり、微細な線維で皮膚と繋がっている。また皮膚に弾力を与える弾性線維は、皮膚の浅い部分では非常に繊細である。さらに慢性的な刺激により、炎症反応が誘導され、かえって皮膚状態を悪化させる可能性も考えられる。皮膚に対する物理的な刺激の安全基準等が設定されていないため、十分な注意が必要である。

4-3　ストレッチ

> ストレッチは、身体の機能改善を目的として、身体を伸張する手技である。身体を伸張するスピードにより、異なる反応を引き起こす。ストレッチは皮膚の細胞の状態に変化をもたらす。

バリスティックストレッチ　　　　スタティックストレッチ

反動を活用して行うストレッチ　　ゆっくりと行うストレッチ

図4-21　ストレッチの種類

1）ストレッチとは

　ストレッチは身体の一部を伸張することで、筋肉や関節の柔軟性や可動域を拡大することや、筋膜等の固着を改善すること等を目的として行う方法である。また間接的に、血流やリンパ流の改善効果も期待される。ストレッチには主に、反動を利用して行うバリスティックストレッチ、ゆっくりと行うスタティックストレッチがある（**図4-21**）。

　ストレッチを的確に行うには、筋組織の走行や、特性を理解する必要がある。筋組織は神経に支配され、神経からの刺激により収縮して力を発揮する。また筋肉の状態は常にモニタリングされており、以下のように無意識的に刺激に対応する。

2）急激なストレッチに対する反応

　筋組織には「筋紡錘」が存在し、筋肉の長さを感知している。急激に筋肉が伸びると、その情報が筋紡錘から神経（求心性Ⅰa線維）を介して脊髄に伝達される（**図4-22**）。これが脊髄内で運動神経（遠心性Aα線維）を刺激し、筋肉を収縮させる。この一連の反応は「伸張反射」と

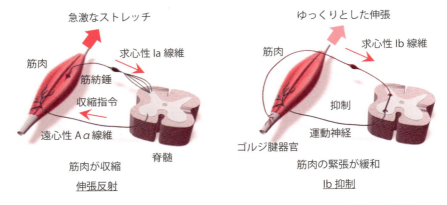

図4-22　急激なストレッチとゆっくりとしたストレッチの筋肉への影響

呼ばれ、膝蓋腱反射（膝付近を叩くことで反射的に足が動く）はその一例である。

　このように急激に、また反動を付けて筋肉を伸ばすことは、筋肉を収縮させて緊張を高めることとなる。そのため、運動の前後で筋の柔軟性を高め、緊張を緩和するためには、かえって逆効果となる。この反動を利用して行うストレッチは、バリスティックストレッチと呼ばれる。

3）ゆっくりとしたストレッチに対する反応

　筋肉がゆっくりと伸ばされると、筋肉と腱の境界付近に存在するゴルジ腱器官がこれを感知する。この刺激は、神経（求心性Ib線維）を介して、脊髄に伝えられる。これが運動神経を抑制し、筋肉の緊張を緩和する。この一連の反応を「Ib抑制」という。

　Ib抑制は静止した状態でゆっくりと筋を伸張して保持するスタティックストレッチに応用されている。スタティックストレッチは、筋の緊張を緩和し、柔軟性を改善することから、運動前後や理学療法まで広く活用されている。

　表情筋には筋紡錘がなく、また筋が腱と結合していないため、ゴルジ腱器官も存在しない。また表情筋が真皮に結合する部分は非常に繊細な

構造となっている。そのため、過激なストレッチは、表情筋にダメージを与え、かえって見た目の老化を進めることに繋がりかねない。

4）ストレッチの皮膚への効果

ストレッチにより、表皮細胞が増殖し、表皮が厚くなることが確認されている[76]。またストレッチ刺激は表皮細胞の細胞骨格（ケラチン線維）を強化する[77]。

細胞骨格は、表皮が変形や引っ張りに抵抗することを可能とする構造である。変形に対して皮膚が脆弱な単純性表皮水疱症患者の皮膚では、ストレッチ刺激でケラチン線維の構造がダメージを受ける。そのため表皮細胞は、ストレッチ刺激に応じて、自身の状態を変化させていると考えられている。このシステムを活用することで、表皮の状態を改善し、シワ改善に繋げることが可能となる。

ストレッチ刺激は、前述のように真皮の線維芽細胞に作用し（図4-14）、その増殖を促進する。またストレッチ刺激は、幹細胞からの脂肪細胞の形成（分化）を阻害する[53]。

ストレッチ刺激は、その方法により、皮膚の細胞に異なる影響を及ぼす。一定の力でストレッチを行うことで、真皮の線維芽細胞はコラーゲンを産生する。一方で周期的にストレッチを行うと、コラーゲンの産生は減少する[78]。そのため、効果的なストレッチ方法を見いだすには、ストレッチの強度、繰り返しの頻度、引き伸ばす際の速度、弛緩させる過程の有無等、様々な要素を含めて検討する必要がある。

ストレッチは、柔軟性や可動域の改善のみならず、筋組織中の血流を増やし、筋量を増加させる。また筋組織中のコラーゲン線維の状態（走行性）を改善する。顔面には表情筋が存在する（図1-10）。例えば額の筋肉の状態を筋電位計で計測すると、高齢者の多くでは安静な状態でも、筋肉の活動が確認される。こうした筋肉の緊張が、額や眉間、口元等のシワの形成に繋がっている。そのため美容医療領域では、シワの改善に、筋肉の緊張を改善するボツリヌストキシンの注射が行われてい

第4章 運動

る。
　ボツリヌストキシンはボツリヌス菌が作り出す毒素で、神経から筋肉への信号伝達を阻害することで、筋肉の収縮を抑制する。これに対し、ストレッチを活用し、表情筋の緊張状態を改善することができれば、シワの改善に繋げることが可能となる。

第 5 章

睡眠

睡眠は疲労回復、記憶の定着、精神の安定等に機能している。睡眠中にはホルモン分泌が変化し、身体の状態に様々な影響を及ぼす。身体には、時間帯に依存したリズム(サーカディアンリズム)が存在し、心身の状態や睡眠と密接な関わりを持っている。ここでは睡眠やサーカディアンリズムと、皮膚との関わりを見ていく。

5-1 睡眠と身体の状態

睡眠にはノンレム睡眠とレム睡眠があり、一晩の間にこれらを繰り返している。睡眠中にはいくつかのホルモンが分泌され、身体の状態に影響を及ぼす。

1）睡眠の種類

脳波に基づき、睡眠は「ノンレム睡眠」と「レム睡眠」に分類されている。入眠後、次第に脳波が変化を示し、ノンレム睡眠に入る（浅いノンレム睡眠：N1）（図5-1）。徐々に眠りが深くなると（安定したノンレム睡眠：N2）、「睡眠徐波」と呼ばれる脳波を示す深い眠り（深いノンレム睡眠：N3）となる。ノンレム睡眠では、脳は休止した状態となり、また身体も休んだ状態となる。ノンレム睡眠では夢を見ることは少ない。さらに睡眠が進むと、レム睡眠に入る。レムとは（Rapid eye movement：REM、急速眼球運動）の略で、レム睡眠では眼球が急速に

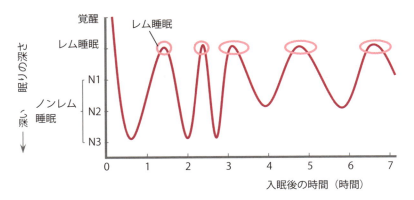

図5-1　レム睡眠とノンレム睡眠
Dement（1957）[90] を参照して作図。

運動する。この時、脳は比較的活発に活動している。また身体は活動を休止した状態となる。レム睡眠では、夢を見ることが多い。レム睡眠とノンレム睡眠は、一晩の間に交互に、何度も出現する。

2）睡眠とホルモン

睡眠中には複数のホルモンが分泌される（図5-2）。眠ることで分泌されるものと、後述する体内時計に基づいて睡眠時間（夜間）に分泌されるものがある。眠ることで分泌されるホルモンには、「成長ホルモン」や「プロラクチン」がある。

成長ホルモンは脳下垂体前葉から分泌され、血液に乗って全身に届く。成長ホルモンは多様な働きを持つ。例えば骨の伸長や筋肉の発達を促し、脂肪の燃焼を高める。また睡眠によりプロラクチン（乳汁分泌ホルモン、または黄体刺激ホルモンと呼ばれる）が脳下垂体前葉から分泌される。

睡眠時間（夜間）に分泌されるホルモンには、コルチゾール（副腎皮質ホルモン）やメラトニンがある。コルチゾールは明け方に多く分泌され、覚醒に向け、身体を活動方向に誘導する。メラトニンは睡眠前に分泌が始まり、睡眠中に分泌は最大に達する。睡眠を誘発することから、

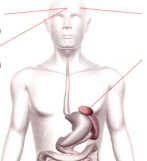

図5-2　睡眠時に分泌されるホルモン

睡眠誘発ホルモンと呼ばれる。入眠までの時間を短縮し、ノンレム睡眠（深い眠り）を増加させる。

3）睡眠と肥満

　短時間睡眠の人ほど肥満の傾向が強い。起きている時間が長い分だけ、食事の機会が増加することが原因として考えられる。また睡眠時間が減少すると、食欲を抑えるホルモン（レプチン：脂肪組織が分泌）の分泌が低下する（図5-3）。反対に、食欲を高めるホルモン（グレリン：胃が分泌）の分泌が増加する。これにより、空腹感を感じ、食事の摂取行動に繋がる。

4）老化と睡眠

　加齢とともに睡眠時間は短くなる（図5-4）。10代前半までは8時間以上あった睡眠が、25歳で7時間程度、その後20年で30分程度ずつ減少して、45歳では6.5時間、65歳では6時間と減少する[79]。これに対して、寝床で過ごす時間は徐々に長くなる。また加齢とともに朝方（早寝早起き）となっていく。この傾向は男性で顕著である。

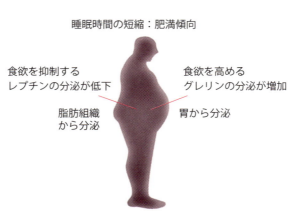

図5-3　睡眠時間の短縮によるホルモンバランスの変化

図5-4　加齢と睡眠
Roffwarg（1966）[91]を参照して作図。

5）睡眠と皮膚

　睡眠の質が悪化することで、皮膚のバリア機能の低下が認められている。またバリア機能がダメージから回復する速さも、低下が確認されている。さらに紫外線により皮膚に赤み（紅斑）が発生するが、睡眠の質の悪化により、赤みからの回復も遅延する[80]。

　入眠は、体幹部の温度が低下するタイミングで起きる。体幹温度を低下させるために体の熱の産生が低下し、同時に皮膚の血流が増加して皮膚からの熱の放散が高まる。そのため、睡眠中に皮膚温は上昇する[81]。

　眠気を我慢することは、シワの形成に繋がる。眠気が強くなるとともにまぶたが下垂してくる。通常、上まぶたはその内部の筋肉（上眼瞼挙筋）により、引き上げられ目が開いた状態となっている（図5-5）。眠気が強い場合、上眼瞼挙筋だけではまぶたの引き上げが困難となり、額の筋肉を使って、まぶたを引き上げるようになる。この筋肉の動きにより、まぶただけではなく、額の皮膚も引き上げられ、そこにシワが形成される。

第 5 章　睡眠

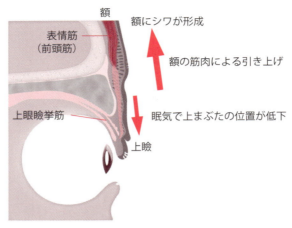

図5-5　眠気によるシワの形成

　睡眠中の姿勢は、顔の形状に影響を及ぼす。これは横向きやうつ伏せで眠ることで、皮膚の一部に過度の圧力が加わり、皮膚がヨレることでシワが形成されることによる。また皮膚が伸びている場所では、皮膚のゆるみやたるみに繋がる[82]。

5-2　良質な睡眠をとるには

　睡眠の質を改善するためには、生活習慣からのアプローチが有用である。食事、飲酒、喫煙、運動等は、タイミング次第では睡眠の質を低下させる。睡眠についての理解を深め、不眠による不安を和らげることも重要である。また食品やサプリメント等の成分的なアプローチも行われている。

1）生活習慣からのアプローチ

　良質な睡眠を得るには、生活習慣からのアプローチが有用である（図5-6）。

①食事

　朝食をしっかりと摂取する。睡眠と覚醒のリズムが不規則な人は、朝食を欠食したり、朝食の摂取量が少なく、昼食や夕食に摂取量が偏ることが多い。朝食をしっかりととり、心と体を目覚めさせることが重要である。朝食を欠食する人ほど不眠を訴える割合が高い。また夜食とその後の間食で摂取したカロリーが多い人ほど睡眠効率が低い。

朝食をしっかり摂取する

睡眠環境を整える

就寝前の飲酒を避ける

睡眠を理解する

喫煙は睡眠に悪影響を及ぼす

短い昼寝は作業性の改善に繋がる

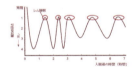

定期的な運動を心がける

起床時間を決め眠くなってから床に就く

図5-6　良質な睡眠をとるために：生活習慣からのアプローチ
（厚生労働省「健康づくりのための睡眠指針2014」をもとに作成）

第 5 章　睡眠

　一方で、肥満は睡眠時無呼吸症候群のリスクを高め、睡眠の質を低下させる。これは肥満に伴い増加した脂肪組織が、気道を狭窄するとともに、全身の酸素必要量を増加させることによる。肥満の改善により、睡眠時無呼吸症候群の重症度が低下する。また体重が1％増加すると、1時間当たりの無呼吸の回数が3％増加し、体重が10％増加すると、睡眠時無呼吸を発症するリスクが6倍に高まるとされている。

②飲酒

　就寝前の飲酒を避けるべきである。飲酒は短期的には眠気を強くし、入眠までの時間を短縮する。しかし飲酒により睡眠は質的にも量的にも悪化する。睡眠前半のレム睡眠は減少し、浅い睡眠（ノンレム睡眠の第一段階）が増加する。また連日の飲酒ではこの浅い睡眠が増加する。さらに睡眠時間も減少する。飲酒はまた睡眠時無呼吸やいびきを悪化させる。そのため、就寝前の飲酒は避けるよう心がける必要がある。

③喫煙

　喫煙は睡眠に悪影響を及ぼす。喫煙本数が多い人ほど不眠の割合が高い。また喫煙者の睡眠は、非喫煙者と比較して浅い睡眠が多く、深い睡眠が少ない。さらに喫煙は睡眠時無呼吸症候群の発症リスクを高める。喫煙の睡眠への悪影響は、たばこに含まれるニコンチンによるものである。ニコチンには比較的強い覚醒作用がある。喫煙により摂取されたニコチンは、1時間程度作用するため、就寝前1時間の喫煙は避けるように心がける。

　また喫煙自体、皮膚の状態を悪化させ、見た目の老化を引き起こす大きな要因となっている。これは喫煙者で、皮膚の弾力を生み出す弾性線維の変性が進むことによる[83]。

④カフェイン

　お茶やコーヒーにはカフェインが含まれ、睡眠に影響を及ぼす。カフェインには様々な作用があるが、神経を興奮させることで覚醒作用を発揮する。これはカフェインの構造がアデノシン（神経を鎮静化する作用を持つ因子）によく似ているため、アデノシンの受容体に結合して、

その鎮静作用を阻害することによる（図5-7）。

カフェインは摂取後30分～1時間で血中濃度がピークとなり、3～5時間後に半減する。そのため夕食後のカフェインの摂取は、睡眠を浅くする。またカフェインには利尿作用もあることから、夜間に尿意で覚醒を促すことで、間接的にも睡眠を妨げる。

カフェインは、コーヒーやお茶、ココア等、様々な飲料に含まれる。また栄養ドリンクには高濃度のカフェインを含むものがある。飲料中の代表的なカフェイン濃度を図5-8に示す。

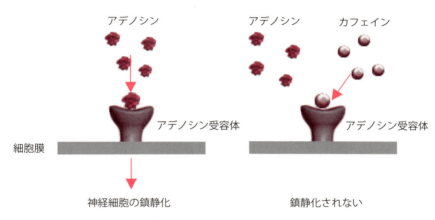

図5-7　カフェインが睡眠に及ぼす影響

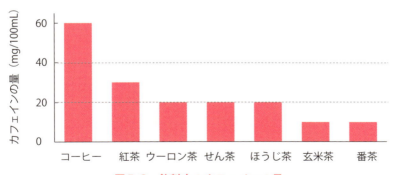

図5-8　飲料中のカフェインの量

100 mL（100 g）中に含まれるカフェインの量。（文部科学省「日本食品標準成分表2010」をもとに作成）

⑤運動
　定期的な運動は睡眠に良好な影響をもたらす。一方で激しい運動をすると入眠が妨げられる。そのため、日常生活の中で体を動かすこと、運動を定期的に取り入れることを心がける。

⑥睡眠の理解
　睡眠の理解を深めることは、不眠に関する不安を和らげて、睡眠の質の向上に繋がる。実際に必要な睡眠時間は、個人により異なる。日本人では6時間から8時間程度と考えられている。睡眠時間は長い方が良いということではない。指針では、睡眠時間の目安を「年齢や季節に応じて、昼間の眠気で困らない程度の睡眠」としている。睡眠時間は加齢や（前述）、季節により変動する。日の長い季節では睡眠時間は短くなり、日が短い季節では長くなる。

⑦睡眠の環境づくり
　質の良い睡眠のためには、環境づくりも重要である。室内は必ずしも真っ暗にする必要はなく、不安を感じない程度にする。また明るい光には覚醒作用があるため、就寝前に室内の照明が明るすぎないようにする（特に白色光が強すぎないようにする）。また雑音は可能な限り軽減した方が良い。寝室や寝床の温度や湿度は、体温調節機能を変化させ、睡眠に影響する。体幹部の温度が適度に下がることが良い睡眠に繋がるが、周囲の温度が低いと、血管が収縮して体温を逃がさないようになる。また温度や湿度が高い場合も、体温の放散が機能せず、寝付きが悪くなる。

⑧昼寝
　十分な睡眠をとることが望ましいが、それが難しい場合は、昼寝をすることで、その後の作業効率を改善できる。また昼食後に急激に血糖値が上昇し、その後急激に下降することで、眠くなると考えられている。ただし、昼寝で長く寝過ぎると目覚めの悪さ（睡眠慣性）が生じ、かえって意識がはっきりとしなくなる。また60分以上の昼寝は、冠動脈疾患による死亡を1.8倍増大させることが報告されている。そのため昼

寝は、深い睡眠に入る前までとし、30分以内の仮眠が望ましい。

⑨**睡眠のタイミング**

　起床時間から逆算して、寝床に入る時間を決めることは、かえって眠れない時間を過ごすことになる。寝付きやすい時間帯は、季節や年齢、活動量により変動する。寝付けない日が続くことで、睡眠に対する不安が募ると、睡眠を悪化させることとなる。起床時間を決め、眠気を感じてから寝床に入るようにすることで、睡眠に対する満足度が改善することが確認されている。

　就寝前の仕事やゲーム等により、交感神経の活動が高まると、睡眠が阻害される。熱すぎる風呂に入ることも同様である。また眠ろうとする不適切な努力や不安は脳を覚醒させ、入眠を妨げる。

　眠りが浅く、途中で何度も目が覚めてしまう場合は、寝床にいる時間が長すぎる可能性がある。寝床で長く過ごし過ぎると熟睡感が低下する。寝床に9時間以上いる人は、途中で覚醒する割合が高い。また実験的に人に長時間就寝させると、逆に寝付くまでの時間が長くなり、睡眠途中での覚醒回数や時間が増える。反対に、寝床で過ごす時間を減らすことで、不眠症患者の睡眠が改善することが認められている。そのため睡眠と覚醒のメリハリをつけることを心がける。また、眠りが浅い時は、むしろ積極的に遅寝・早起きを試みることが提唱されている。

　週末に「寝だめ」をすることは、作業効率の回復にある程度の効果は発揮する。しかし、1週間ほど睡眠不足が続くと、その後3日間十分な睡眠をとっても、作業効率は回復しない。また、寝だめにより夜間の睡眠が障害されることにも注意が必要である。

2）成分によるアプローチ

　睡眠の改善を目的とした様々な成分が開発され、食品やサプリメント等の形態に応用されている（**図5-9**）。

①**メラトニン**

　メラトニンは脳内の松果体から分泌されるホルモンで、アミノ酸（ト

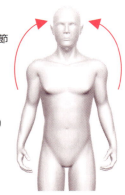

図5-9 良質な睡眠をとるために：成分によるアプローチ

リプトファン）から合成される。後述する体内のサーカディアンリズムを制御する。メラトニンには、不眠症の改善効果が報告されている。メラトニンは米国ではサプリメントとして販売されているが、国内では健康食品としての販売は禁止されている。

またトリプトファンは、体内でセロトニンやメラトニンの原料となっている。トリプトファンの摂取により、入眠までの時間の短縮が認められている。トリプトファンの代謝物である5-ヒドロキシトリプトファン（5-HTP）が海外ではサプリメントとしては販売されているが、国内では医薬品扱いとなる。

②機能性表示食品

睡眠の改善を狙った機能性表示食品が多数開発されている。

テアニンは茶に多く含まれるアミノ酸で、茶の旨味に関係している。テアニンは血液脳関門を通過し、脳に到達する。脳に達したテアニンは、興奮性の神経活動を鎮静化し（グルタメート受容体、NMDA受容体を介した作用）、反対に抑制性の神経活動を高めることで（GABA受容体を介した作用）、睡眠を促進する。テアニンを配合した機能性表示食品の多くは、テアニンの摂取による起床時の疲労感の軽減、眠気の改善を示している。

またグリシン、L-セリン、GABA、ラフマ抽出物、清酒酵母（GSP6）、クロセチン、アスパラガス由来含プロリン-3-アルキルジケトピペラジン、セサミン等多くの成分で睡眠や起床時の疲労感等に対する効果が示されている。

③香り

様々な香りに関する睡眠の質の改善作用が報告されている。睡眠中は匂いに対する反応性は低下すると考えられている。これは睡眠中にミントや、臭気をかがせた場合でも、覚醒が起きにくいことによる。そのため香りは、入眠時や起床時に作用することで、間接的に睡眠に影響している可能性が考えられる。また香りに対する反応性は個人差も大きく、香りの好みも多分に影響する。香りによる睡眠の改善を図るにはこうした個人差も考慮する必要がある。

ラベンダー（Lavender）：ラベンダーには鎮静作用があると考えられている。またラベンダーは、不眠症患者の睡眠時間を延長することや、健常者の睡眠の深さを改善することが確認されている。

ペパーミント（Peppermint）：ペパーミントには覚醒作用があることが知られている。一方でペパーミントの睡眠に対する効果には、異なる報告がある。ペパーミントに対する反応性の個人差を考慮した試験では、ペパーミントにより睡眠が促進される人、阻害される人が認められ、効果には個人差があると考えられる。

5-3 サーカディアンリズム（概日リズム）

体の中には1日周期のリズムがあり、サーカディアンリズムと呼ばれている。サーカディアンリズムを生み出しているのが体内時計である。体内時計は様々な組織に存在する。そのため、体内時計が乱れると、睡眠をはじめ、心身の様々な不調に繋がる。

1）サーカディアンリズムと体内時計

ヒトの体は約1日周期の時を刻む。これが睡眠や覚醒、体温の変動、ホルモンの分泌等、体の様々な機能にリズムを生み出している（**図**5-10）[84]。また、喘息の発作は明け方に起きやすく、血中のコレステロール値が高まるのは昼過ぎとなる。こうしたリズムを活用することで、様々な疾患の治療効率を高めることが可能となる。例えば適切な時間に投薬することで、1日当たりの薬剤の量を減らし、副作用を軽減する、等である。

こうした体内のリズムは「サーカディアンリズム（概日リズム）」と呼ばれる。サーカディアンリズムを生み出しているのは、体内に存在する「体内時計（または生物時計）」である。この体内時計の中心的な存在が、脳の視床下部の視交叉上核に存在する「中枢時計」である（**図**5-11）。

また、体の様々な組織や細胞には、「末梢時計」が存在し、時を刻むことで、組織ごとのリズムが生み出されている。例えば、脳では記憶の形成に、筋肉では筋の合成に、また肝臓ではエネルギー代謝等、あらゆ

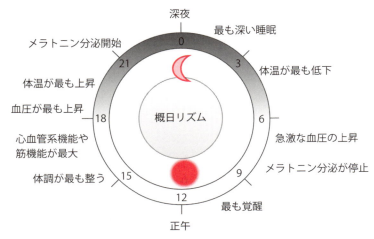

図5-10　身体の状態のサーカディアンリズム

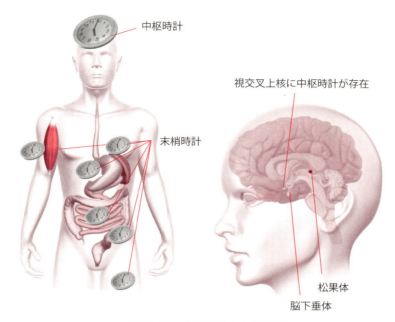

図5-11 中枢時計と末梢時計

る組織にリズム（日内変動）が存在する。末梢時計は中枢時計に制御されている。そのため、中枢時計が変調すると、抹梢時計にも変調が起きる。

2）体内時計の変調

　中枢時計は、正確には24時間を刻めないため、毎日ズレが生じる。また海外等の時差のある場所への移動や、生活習慣の変化でもズレは生じる。これが深刻化すると、体に様々な影響が出る。例えば、交替勤務で夜間に労働する人では、体内時計の変調が発生しやすく、心疾患のリスクが高まる。

　体内時計は季節による影響も受ける。季節により心身が過度に影響を受ける季節性感情障害は、日照時間の短い冬期に発生する。これは日照時間の変動が体内時計に影響することが、大きな要因と考えられている。

3）睡眠と体内時計

　睡眠は疲労が蓄積することと、サーカディアンリズムで決められた時間に眠くなることで起きる（Borbelyの説）（図5-12）。そのため体内時計が変調すると、眠くなる時間帯が変調して、本来眠るべき時間帯に眠れず不眠に繋がる。こうした状態は「概日リズム性睡眠障害」と呼ばれる。

　概日リズム性睡眠障害にはいくつかのタイプがある。睡眠時間帯が早い時間帯に進む「睡眠相前進型」では、夕方には起きていられないほどの眠気を感じたり、明け方前に目が覚めることとなる。周囲との間にストレスを生むことがあるが、通常の就業時間帯には覚醒しているため、社会的に大きな問題となることはない。睡眠時間帯が遅い時間帯となる「睡眠相後退型」では、一度夜型の生活をすると、通常の睡眠時間に眠ることが困難となる障害である。体内時計が一般の人と数時間遅れていることが観察される。本人の意思とは関係なく睡眠時間帯が毎日1時間程度遅れていく「自由継続型」では、体内時計が毎日遅れていくことが観察される。

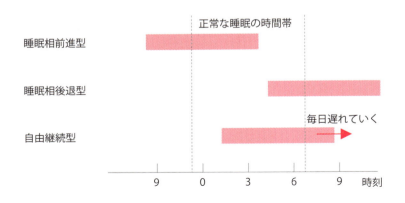

図5-12　睡眠と体内時計

4）時計遺伝子

サーカディアンリズムを生み出しているのは、「時計遺伝子」である。巧妙な仕組みで、約24時間周期のリズムを生み出している。

細胞の中にはDNAがあり、そこには様々な物質を作り出すための遺伝子情報が含まれている（図4-10）。この遺伝情報が読み取られて（遺伝子発現）、物質が合成される。時計遺伝子が時を刻む代表的なメカニズムは、下記のとおりである（**図5-13**）。

① 時計遺伝子（PER）が発現して、PERが作られる。
② PERはPER自身の発現を抑制する。これにより、PERの合成は止まり、次第に細胞内から失われていく。
③ PERがなくなると、再びPERの発現が始まる。

この一連のサイクルが約24時間周期で起きることで、細胞内にリズ

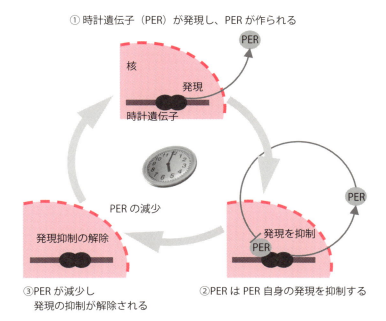

図5-13　サーカディアンリズムを生み出す時計遺伝子

ムが生み出される。時計遺伝子には数十の種類があり、それらが様々な物質の合成や分解も制御するため、細胞や組織、体全体にリズムが生みされる。時計遺伝子がダメージを受けると、サーカディアンリズムが変調し、寿命が短縮することも確認されている。

5）体内時計の調節

外界の時間と、体内時計のズレは、直接、間接的に外界の時を感知することで補正されている。また中枢時計は、神経やホルモン（内分泌系）を介して末梢時計を補正している。こうした体内時計の補正を、「同調」と呼ぶ。同調は下記のように行われている。

①光を介した同調

外界の光は、網膜の細胞で受容されて、神経を介して、中枢時計の存在する視交叉上核に情報として伝えられる。これにより体内時計がリセットされ、外界とのズレが補正される（図5-14）。

網膜の光の受容体のひとつは、メラノプシンと呼ばれる光の受容体で、青色の光（480 nm付近）に反応する。そのため青色光を用いて体

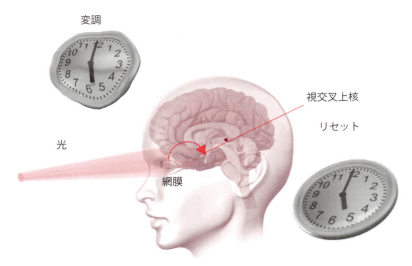

図5-14　光による体内時計の同調

内時計の同調を図る手法も行われている。

　高照度光療法は、数千ルクスもの光を照射することで、体内時計をリセットする手法である。照射の体内時計への影響は、実施する時間帯により異なる。明け方の照射は体内時計を早める。これはヒトが明け方に強い光を浴びることで、体内時計をリセットするのと同様である。一方で、夕方以後の照射は、体内時計を遅らせる。そのため、深夜まで強い光を浴びる生活は、体内時計を遅らせて、睡眠に影響を及ぼす。

② メラトニン

　メラトニンは、眠気を引き起こす作用から睡眠誘発ホルモン等と呼ばれている（図5-9）。メラトニンの分泌は、サーカディアンリズムにより夜間に始まる。メラトニンは中枢時計に作用し、体内時計を同調する他、脳内の睡眠を司る部位に作用し、睡眠を誘発する。また各種組織に作用し、その抗酸化作用により、酸化障害から細胞を保護する。メラトニンの合成は、光により制御され、強い光を浴びることで合成は抑制される。またメラトニンの合成は加齢により低下する。

③ 食事

　食事により、エネルギー代謝や体温の日内変動といった、末梢時計で支配される機能がリセットされる。そのため食事は末梢時計を同調すると考えられている。これは、食事により上昇する血中の脂肪酸や糖が、代謝を行う肝臓や膵臓に働きかけることによる。また血糖値により分泌が変動するインスリンやグルカゴンも、リセットに働く。

　食事の成分の中には、体内時計の同調に作用するものがある。カフェインには末梢時計だけではなく、中枢時計にも作用すると考えられている。就寝前のカフェインは体内時計を遅らせる。

　トリプトファンは、メラトニン合成の素材となるため、トリプトファンを多く含む食材（タンパク質）は、体内時計への作用が考えられている。また末梢時計を同調するインスリンを増やす成分（DHAやEPA等）が、サプリメントや機能性の食品として注目されている。さらにレスベラトロール等、時計遺伝子に働きかける成分の探索が行われている。

第5章 睡眠

④運動

運動は交感神経を活性化し、コルチゾールの分泌を促進することで、末梢の体内時計を同調する。朝の運動は体内時計を進める働きを促進する一方で、夜間の運動は体内時計を遅らせると考えられている。交感神経が高まった状態が続き、睡眠の質が低下する。

⑤ストレス

ストレスは末梢の体内時計を同調する。ストレスを受けると、交感神経が活性化し、アドレナリンやノルアドレナリンが分泌される。また、副腎皮質からはコルチゾールが分泌される。これらは様々な組織に作用し、時計遺伝子に働きかけて、末梢時計をリセットする。

⑥体内時計に基づく心身の状態の管理

これまで見てきたように、体内時計が乱れることで、睡眠、心身の状態に影響が及ぶ。これを整えるためには、体が持つ体内時計の調節作用を活用することが有用である。また体内時計を意識し、活動の時間帯を考慮することで、その効果を最大限に高めることが可能となる。

食後の血糖値の上昇程度は、食事を行う時間帯により変化する。これは肝臓が血中の糖を処理する機能が、体内時計で制御されていることによる。朝食や昼食に比較し、同じ食事をしても、夕食では血糖値が増加する。また夜間は糖を処理する能力（耐糖性）が低下するため、夜間の食事は肥満に繋がりやすい。

さらに脂肪組織の増加も、体内時計によりコントロールされている。これは時計遺伝子が脂肪細胞の形成や、脂肪滴の蓄積に関連しているためである。夜間は時計遺伝子により、脂肪の蓄積機能が高まるため、夜間の食事は、脂肪の観点からも肥満に繋がる。

時計遺伝子の状態を計測する方法として、髪の毛や髭を採取して計測する方法が開発されている[85]。この方法により実際にシフトワーカーの時計遺伝子が機能するタイミング乱れていることが明らかになってきた。

6）体内時計と皮膚

　皮膚もまた体内時計により制御されている。額の皮脂の分泌は、昼間に高く、夜に向かって低下する日内変動をする。頬のバリア機能は昼に高く、深夜に最も低下し、その後増加するリズムを刻む[86]。また前腕部のバリアの回復機能は、夜間に最も低下する[87]。こうしたサーカディアンリズムにより、夜間のかゆみが起きると考えられている[88]。また日中より夜間の方が日焼けの程度が強いことから、体内時計が皮膚の防御系に関与していると考えられている[89]。

参考図書・引用文献

参考図書

「顔の老化のメカニズム」江連智暢（日刊工業新聞社）

「食品因子による栄養機能制御」日本栄養・食品学会監修　芦田均・立花宏文、原博責任編集（建帛社）

「脂質栄養学」菅野道廣（幸書房）

「機能性タンパク質・ペプチドと生体利用」日本栄養・食品学会監修　岡達三、二川健、奥恒行責任編集（建帛社）

「環境とエピゲノム」中尾光善（丸善出版）

「IDストレッチング」鈴木重行（三輪書房）

「触れることの科学」ディヴィッド・J・リンデン、岩坂彰（訳）（河出書房新社）

「安眠の科学」内田直（日刊工業新聞社）

「体内時計健康法」田原優、柴田重信（杏林書房）

引用文献

[1] Noordam R, Gunn DA, Tomlin CC, *et al.*：High serum glucose levels are associated with a higher perceived age. Age 2013, 35：189-195.

[2] Ezure T, Yagi E, Amano S, *et al.*：Dermal anchoring structures：convex matrix structures at the bottom of the dermal layer that contribute to the maintenance of facial skin morphology. Skin Res Technol 2016, 22：152-157.

[3] Ezure T, Amano S：Negative regulation of dermal fibroblasts by enlarged adipocytes through release of free fatty acids. J Invest Dermatol 2011, 131：2004-2009.

[4] Ezure T, Amano S：Adiponectin and leptin up-regulate extracellular matrix production by dermal fibroblasts. Biofactors 2007, 31：229-236.

[5] Ezure T, Amano S：Influence of subcutaneous adipose tissue mass on dermal elasticity and sagging severity in lower cheek. Skin Res Technol 2010, 16：332-338.

[6] Ezure T, Hosoi J, Amano S, *et al.*：Sagging of the cheek is related to skin elasticity, fat mass and mimetic muscle function. Skin Res Technol 2009, 15：299-305.

[7] Moreno-Exposito L, Illescas-Montes R, Melguizo-Rodriguez L, *et al.*：

Multifunctional capacity and therapeutic potential of lactoferrin. Life Sci 2018, 195 : 61-64.

[8] Ono T, Murakoshi M, Suzuki N, et al. : Potent anti-obesity effect of enteric-coated lactoferrin : decrease in visceral fat accumulation in Japanese men and women with abdominal obesity after 8-week administration of enteric-coated lactoferrin tablets. Br J Nutr 2010, 104 : 1688-1695.

[9] Yamauchi K, Hiruma M, Yamazaki N, et al. : Oral administration of bovine lactoferrin for treatment of tinea pedis. A placebo-controlled, double-blind study. Mycoses 2000, 43 : 197-202.

[10] Lyons TE, Miller MS, Serena T, et al. : Talactoferrin alfa, a recombinant human lactoferrin promotes healing of diabetic neuropathic ulcers : a phase 1/2 clinical study. Am J Surg 2007, 193 : 49-54.

[11] Griffiths CE, Cumberbatch M, Tucker SC, et al. : Exogenous topical lactoferrin inhibits allergen-induced Langerhans cell migration and cutaneous inflammation in humans. Br J Dermatol 2001, 144 : 715-725.

[12] Iwai K, Hasegawa T, Taguchi Y, et al. : Identification of food-derived collagen peptides in human blood after oral ingestion of gelatin hydrolysates. J Agric Food Chem 2005, 53 : 6531-6536.

[13] Schunck M ZV, Oesser S, Proksch E : Dietary Supplementation with Specific Collagen Peptides Has a Body Mass Index-Dependent Beneficial Effect on Cellulite Morphology. J Med Food 2015 18 : 1340-1348.

[14] Hakuta A, Yamaguchi Y, Okawa T, et al. : Anti-inflammatory effect of collagen tripeptide in atopic dermatitis. J Dermatol Sci 2017, 88 : 357-364.

[15] Proksch E SD, Degwert J, Schunck M, Zague V, Oesser S. : Oral supplementation of specific collagen peptides has beneficial effects on human skin physiology : a double-blind, placebo-controlled study. Skin Pharmacol Physiol 2014, 27 : 44-55.

[16] Proksch E, Schunck M, Zague V, et al. : Oral intake of specific bioactive collagen peptides reduces skin wrinkles and increases dermal matrix synthesis. Skin Pharmacol Physiol 2014, 27 : 113-119.

[17] Zhang S, Zeng X, Ren M, et al. : Novel metabolic and physiological functions of branched chain amino acids : a review. J Anim Sci Biotechnol 2017, 8 : 10.

[18] Kiriyama Y, Nochi H：D-Amino Acids in the Nervous and Endocrine Systems. Scientifica (Cairo) 2016, 2016：6494621.

[19] Cosgrove MC FO, Granger SP, Murray PG, Mayes AE.：Dietary nutrient intakes and skin-aging appearance among middle-aged American women. Am J Clin Nutr 2007, 86：1225-1231.

[20] Sies H, Stahl W：Nutritional protection against skin damage from sunlight. Annu Rev Nutr 2004, 24：173-200.

[21] Ochi E, Tsuchiya Y：Eicosahexaenoic Acid (EPA) and Docosahexaenoic Acid (DHA) in Muscle Damage and Function. Nutrients 2018, 10.

[22] von Frankenberg AD, Silva FM, de Almeida JC, et al.：Effect of dietary lipids on circulating adiponectin：a systematic review with meta-analysis of randomised controlled trials. Br J Nutr 2014, 112：1235-1250.

[23] Tsuji H, Kasai M, Takeuchi H, et al.：Dietary medium-chain triacylglycerols suppress accumulation of body fat in a double-blind, controlled trial in healthy men and women. J Nutr 2001, 131：2853-2859.

[24] Furusawa Y, Obata Y, Fukuda S, et al.：Commensal microbe-derived butyrate induces the differentiation of colonic regulatory T cells. Nature 2013, 504：446-450.

[25] Kimura I, Ozawa K, Inoue D, et al.：The gut microbiota suppresses insulin-mediated fat accumulation via the short-chain fatty acid receptor GPR43. Nat Commun 2013, 4：1829.

[26] Kimura I, Inoue D, Maeda T, et al.：Short-chain fatty acids and ketones directly regulate sympathetic nervous system via G protein-coupled receptor 41 (GPR41). Proc Natl Acad Sci U S A 2011, 108：8030-8035.

[27] Mozaffarian D, Katan MB, Ascherio A, et al.：Trans fatty acids and cardiovascular disease. N Engl J Med 2006, 354：1601-1613.

[28] Jakobsen MU, Overvad K, Dyerberg J, et al.：Intake of ruminant trans fatty acids and risk of coronary heart disease. Int J Epidemiol 2008, 37：173-182.

[29] Barcelos RC, Vey LT, Segat HJ, et al.：Influence of trans fat on skin damage in first-generation rats exposed to UV radiation. Photochem Photobiol 2015, 91：424-430.

[30] Bruen R, Fitzsimons S, Belton O：Atheroprotective effects of conjugated linoleic acid. Br J Clin Pharmacol 2017, 83：46-53.

[31] Xu X, Storkson J, Kim S, et al.：Short-term intake of conjugated linoleic acid inhibits lipoprotein lipase and glucose metabolism but does not enhance lipolysis in mouse adipose tissue. J Nutr 2003, 133：663-667.

[32] Lin X LJ, Herbein JH.：Trans10,cis12-18：2 is a more potent inhibitor of de novo fatty acid synthesis and desaturation than cis9,trans11-18：2 in the mammary gland of lactating mice. J Nutr 2004, 134：1362-1368.

[33] Rahman SM, Wang Y, Yotsumoto H, et al.：Effects of conjugated linoleic acid on serum leptin concentration, body-fat accumulation, and beta-oxidation of fatty acid in OLETF rats. Nutrition 2001, 17：385-390.

[34] Davidson MH, Hauptman J, DiGirolamo M, et al.：Weight control and risk factor reduction in obese subjects treated for 2 years with orlistat：a randomized controlled trial. JAMA 1999, 281：235-242.

[35] Lovejoy JC, Bray GA, Lefevre M, et al.：Consumption of a controlled low-fat diet containing olestra for 9 months improves health risk factors in conjunction with weight loss in obese men：the Ole' Study. Int J Obes Relat Metab Disord 2003, 27：1242-1249.

[36] Sorensen LB, Cueto HT, Andersen MT, et al.：The effect of salatrim, a low-calorie modified triacylglycerol, on appetite and energy intake. Am J Clin Nutr 2008, 87：1163-1169.

[37] Wardlaw GM, Snook JT, Park S, et al.：Relative effects on serum lipids and apolipoproteins of a caprenin-rich diet compared with diets rich in palm oil/palm-kernel oil or butter. Am J Clin Nutr 1995, 61：535-542.

[38] Yang X, Darko KO, Huang Y, et al.：Resistant Starch Regulates Gut Microbiota：Structure, Biochemistry and Cell Signalling. Cell Physiol Biochem 2017, 42：306-318.

[39] Shen D, Bai H, Li Z, et al.：Positive effects of resistant starch supplementation on bowel function in healthy adults：a systematic review and meta-analysis of randomized controlled trials. Int J Food Sci Nutr 2017, 68：149-157.

[40] 王紅兵、鏡森定信：過去20年間に邦文で報告された温泉の健康増進作用に関する研究論文のレビュー. 日温気物医誌 2006, 69：81.

[41] 大河内正一，堀口啓文、栗田繕彰，池田茂男，漆畑修，甘露寺泰雄：皮膚のヌルヌル感に及ぼす温泉水の成分とpHの関係. 温泉科学 2013, 63：158-163.

参考図書・引用文献

[42] 大波英幸，森本卓也，漆畑修、池田茂男，大河内正一：還元系温泉水の入浴による皮膚の弾力性に与える影響：野沢温泉．温泉科学 2008, 温泉科学 215-225.

[43] 大波英幸：還元系温泉水入浴が皮膚に与える効果．温泉科学 2011, 61：139-143.

[44] Farina S GP, Zanoni M, Pace M, Rizzoli L, Baldo E, Girolomoni G.：Balneotherapy for atopic dermatitis in children at Comano spa in Trentino, Italy. J Dermatolog Treat 2011, 22：366-371.

[45] Proksch E, Nissen HP, Bremgartner M, et al.：Bathing in a magnesium-rich Dead Sea salt solution improves skin barrier function, enhances skin hydration, and reduces inflammation in atopic dry skin. Int J Dermatol 2005, 44：151-157.

[46] Adler-Cohen C, Czarnowicki T, Dreiher J, et al.：Climatotherapy at the Dead Sea：an effective treatment modality for atopic dermatitis with significant positive impact on quality of life. Dermatitis 2012, 23：75-80.

[47] Grether-Beck S MK, Brenden H, Felsner I, Brynjólfsdóttir A, Einarsson S, Krutmann J.：Bioactive molecules from the Blue Lagoon：in vitro and in vivo assessment of silica mud and microalgae extracts for their effects on skin barrier function and prevention of skin ageing. Exp Dermatol 2008, 17：771-779.

[48] 倉林均，田村耕成，久保田一雄：静水圧による胸囲,腹囲,大腿周径及び下腿周径の変化．日温気物医誌 2001, 64：199.

[49] Krivoruchko A, Storey KB：Forever young：mechanisms of natural anoxia tolerance and potential links to longevity. Oxid Med Cell Longev 2010, 3：186-198.

[50] Dams SD, de Liefde-van Beest M, Nuijs AM, et al.：Heat shocks enhance procollagen type I and III expression in fibroblasts in ex vivo human skin. Skin Res Technol 2011, 17：167-180.

[51] Inoue K KS, Fuziwara S, Denda S, Inoue K, Denda M.：Functional vanilloid receptors in cultured normal human epidermal keratinocytes. Biochem Biophys Res Commun 2002, 291：124-129.

[52] Ezure T, Amano S：Heat stimulation reduces early adipogenesis in 3T3-L1 preadipocytes. Endocrine 2009, 35：402-408.

[53] Li R, Liang L, Dou Y, et al.：Mechanical stretch inhibits mesenchymal stem

cell adipogenic differentiation through TGFbeta1/Smad2 signaling. J Biomech 2015, 48：3665-3671.
[54] Viano M, Alotto D, Aillon A, et al.：A thermal gradient modulates the oxidative metabolism and growth of human keratinocytes. FEBS Open Bio 2017, 7：1843-1853.
[55] Denda M, Sokabe T, Fukumi-Tominaga T, et al.：Effects of skin surface temperature on epidermal permeability barrier homeostasis. J Invest Dermatol 2007, 127：654-659.
[56] Yasushi Yamamoto KO, Yuri Okano,Yasuhiro Satoh, Hitoshi Masaki, Yoko Funasaka：Efficacy of thermal stimulation on wrinkle removal via the enhancement of collagen synthesis. Journal of Dermatological Science Supplement 2006, 2：S39-S49.
[57] Iwai I, Kunizawa N, Yagi E, et al.：Stratum corneum drying drives vertical compression and lipid organization and improves barrier function in vitro. Acta Derm Venereol 2013, 93：138-143.
[58] 日本化粧品工業連合会, 粧工連技術資料 2000, 107：144.
[59] Sinha R JA：Stress as a common risk factor for obesity and addiction. Biol Psychiatry 2013, 73：827-835.
[60] Narkar VA, Downes M, Yu RT, et al.：AMPK and PPARdelta agonists are exercise mimetics. Cell 2008, 134：405-415.
[61] Hinton PS, Nigh P, Thyfault J：Effectiveness of resistance training or jumping-exercise to increase bone mineral density in men with low bone mass：A 12-month randomized, clinical trial. Bone 2015, 79：203-212.
[62] Yoshino J, Baur JA, Imai SI：NAD（+）Intermediates：The Biology and Therapeutic Potential of NMN and NR. Cell Metab 2018, 27：513-528.
[63] Thirupathi A, de Souza CT：Multi-regulatory network of ROS：the interconnection of ROS, PGC-1 alpha, and AMPK-SIRT1 during exercise. J Physiol Biochem 2017, 73：487-494.
[64] Cavazza A, Miccio A, Romano O, et al.：Dynamic Transcriptional and Epigenetic Regulation of Human Epidermal Keratinocyte Differentiation. Stem Cell Reports 2016, 6：618-632.
[65] Koch CM, Suschek CV, Lin Q, et al.：Specific age-associated DNA methylation changes in human dermal fibroblasts. PLoS One 2011, 6：e16679.

[66] Kim HY, Lee DH, Shin MH, et al.：UV-induced DNA methyltransferase 1 promotes hypermethylation of tissue inhibitor of metalloproteinase 2 in the human skin. J Dermatol Sci 2018, 91：19-27.

[67] Moulin L, Cenizo V, Antu AN, et al.：Methylation of LOXL1 Promoter by DNMT3A in Aged Human Skin Fibroblasts. Rejuvenation Res 2017, 20：103-110.

[68] Ingerslev LR, Donkin I, Fabre O, et al.：Endurance training remodels sperm-borne small RNA expression and methylation at neurological gene hotspots. Clin Epigenetics 2018, 10：12.

[69] Crane JD ML, Lally JS, Ford RJ, Bujak AL, Brar IK, Kemp BE, Raha S, Steinberg GR, Tarnopolsky MA.：Exercise-stimulated interleukin-15 is controlled by AMPK and regulates skin metabolism and aging. Aging Cell 2015, 14：625-634.

[70] Wang F, Garza LA, Kang S, et al.：In vivo stimulation of de novo collagen production caused by cross-linked hyaluronic acid dermal filler injections in photodamaged human skin. Arch Dermatol 2007, 143：155-163.

[71] Bolcato-Bellemin AL, Elkaim R, Abehsera A, et al.：Expression of mRNAs encoding for alpha and beta integrin subunits, MMPs, and TIMPs in stretched human periodontal ligament and gingival fibroblasts. J Dent Res 2000, 79：1712-1716.

[72] Engler AJ, Sen S, Sweeney HL, et al.：Matrix elasticity directs stem cell lineage specification. Cell 2006, 126：677-689.

[73] Morhenn V, Beavin LE, Zak PJ：Massage increases oxytocin and reduces adrenocorticotropin hormone in humans. Altern Ther Health Med 2012, 18：11-18.

[74] Deing V, Roggenkamp D, Kuhnl J, et al.：Oxytocin modulates proliferation and stress responses of human skin cells：implications for atopic dermatitis. Exp Dermatol 2013, 22：399-405.

[75] Denda S, Takei K, Kumamoto J, et al.：Oxytocin is expressed in epidermal keratinocytes and released upon stimulation with adenosine 5'- [gamma-thio] triphosphate in vitro. Exp Dermatol 2012, 21：535-537.

[76] Purnell CA, Gart MS, Buganza-Tepole A, et al.：Determining the Differential Effects of Stretch and Growth in Tissue-Expanded Skin：Combining Isogeometric Analysis and Continuum Mechanics in a Porcine

Model. Dermatol Surg 2018, 44：48-52.
[77] Russell D, Andrews PD, James J, et al.：Mechanical stress induces profound remodelling of keratin filaments and cell junctions in epidermolysis bullosa simplex keratinocytes. J Cell Sci 2004, 117：5233-5243.
[78] Jiang M, Qiu J, Zhang L, et al.：Changes in tension regulates proliferation and migration of fibroblasts by remodeling expression of ECM proteins. Exp Ther Med 2016, 12：1542-1550.
[79] Roffwarg HP, Muzio JN, Dement WC：Ontogenetic development of the human sleep-dream cycle. Science 1966, 152：604-619.
[80] Oyetakin-White P, Suggs A, Koo B, et al.：Does poor sleep quality affect skin ageing? Clin Exp Dermatol 2015, 40：17-22.
[81] Van Someren EJ：Mechanisms and functions of coupling between sleep and temperature rhythms. Prog Brain Res 2006, 153：309-324.
[82] Anson G, Kane MA, Lambros V：Sleep Wrinkles：Facial Aging and Facial Distortion During Sleep. Aesthet Surg J 2016, 36：931-940.
[83] Frances C, Boisnic S, Hartmann DJ, et al.：Changes in the elastic tissue of the non-sun-exposed skin of cigarette smokers. Br J Dermatol 1991, 125：43-47.
[84] Patterson RE, Laughlin GA, LaCroix AZ, et al.：Intermittent Fasting and Human Metabolic Health. J Acad Nutr Diet 2015, 115：1203-1212.
[85] Akashi M, Soma H, Yamamoto T, et al.：Noninvasive method for assessing the human circadian clock using hair follicle cells. Proc Natl Acad Sci U S A 2010, 107：15643-15648.
[86] Le Fur I, Reinberg A, Lopez S, et al.：Analysis of circadian and ultradian rhythms of skin surface properties of face and forearm of healthy women. J Invest Dermatol 2001, 117：718-724.
[87] Denda M, Tsuchiya T：Barrier recovery rate varies time-dependently in human skin. Br J Dermatol 2000, 142：881-884.
[88] Patel T, Ishiuji Y, Yosipovitch G：Nocturnal itch：why do we itch at night? Acta Derm Venereol 2007, 87：295-298.
[89] Sarkar S, Gaddameedhi S：UV-B-Induced Erythema in Human Skin：The Circadian Clock Is Ticking. J Invest Dermatol 2018, 138：248-251.
[90] Dement W, Kleitman N：The relation of eye movements during sleep to

dream activity：An objective method for the study of dreaming. J Exp Psychol 1957, 53：339-346.
[91] Roffwang HP, Muzio JN, Dement WC.：Ontogenetic development of the human sleep-dream cycle. Science 1966, 152：604-619.

索　引（五十音順）

英・数字

α-グルコシダーゼ阻害 ……………58
α-リノレン酸 ………………　35、40
β酸化 …………………………　41、48
ω3脂肪酸 ……………………　35、40
ω6脂肪酸 ……………………　35、40
ω9脂肪酸 …………………………38
ω脂肪酸 ……………………………38
3大栄養素 …………………………23
5-HTP ……………………………122
5大栄養素 …………………………23
5-ヒドロキシトリプトファン ………122
acarbose …………………………58
ACTH ………………………………82
advanced glycation end products：
　AGEs …………………………14
AGEs受容体 ………………………15
A線維 ……………………………104
BAIBA………………………………90
Baminoisobutyric acid …………90
BCAA：Branched Chain Amino Acid …32
Biosurfactants …………………30
Borbelyの説 ……………………126
Browning ……………………90、92
chylomicron ……………………35
CRH ………………………………82
crista cutis ………………………6
C線維 ……………………………103
DHA ………………………40、129
D-アミノ酸 ………………………32
EAA；Essential Amino Acid ……25
EPA ………………………40、129
essential fatty acid ……………35
FGF23 ……………………………93
GABA ……………………………122
GLP-1 ………………40、89、93
GLUT4 ……………………………40
GPR41 ……………………………44
GPR43 ……………………………44
GPRC6A …………………………93
hormesis …………………………72
HSF：Heat shock factor …………78
HSP…………………………………78
Ib抑制 ……………………………108
IL-6…………………………………89
IL-15 ………………………………98
Irisin ………………………………90
Klotho ……………………………93
Lavender …………………………123
LCN2 ………………………………93
LOXL-1：Lysyl oxidase-like 1 …………97
Luminacoid ………………………55
L細胞 ………………………………93
MC4R ………………………………93
METRNL……………………………90
micro-relief …………………………6
MMP ………………………………100
MMP1 ………………………………13
NAD ………………………………96
Natural Moisturizing Factor：NMF ……7
NMDA受容体 ……………………122
NMF …………………………………19
Peppermint ………………………123
peroxisome proliferator-activated receptor
α ……………………………………48
PPARα………………………………48
PPARγ作動薬 ……………………92
Rapid eye movement：REM ………112
receptor for AGEs：RAGE ………15
Resistant starch：RS ……………55
RS1 …………………………………56
RS2 …………………………………56
RS3 …………………………………56
RS4 …………………………………56
Sirtuin ……………………………95
sulcus cutis …………………………6
TIMP2：tissue inhibitor of
metalloproteinase 2………………97
TIMP：tissue inhibitor of
metalloproteinase ………………100
TRPM8……………………………80
TRPV1 ……………………80、81

141

索引

TRPV4 ……………………………… 81
TRP受容体 …………………… 79、81
typeⅠ線維 …………………………… 88
typeⅡ線維 …………………………… 89
UVA …………………………………… 12
UVB …………………………………… 12
voglibose …………………………… 58

あ

アカルボース ………………………… 58
アクチン線維 ……………………… 100
アセチル化 …………………………… 96
アディポネクチン……… 17、41、95、96
アデノシン ………………………… 118
アトピー性皮膚炎 …………………… 30
アドレナリン ……………… 104、130
アミノ酸 ………………………… 24、26
アミロース ……………………… 56、57
アンカー構造 ………………………… 15
硫黄泉 ………………………………… 67
易消化性炭水化物 …………………… 53
一般的適応症 ………………………… 70
イリシン ……………………………… 90
飲酒 ………………………………… 118
インスリン ……………………… 93、129
上まぶたのたるみ …………………… 4
運動 …………………………………… 85
エイコサペンタエン酸 ……………… 40
栄養機能食品 …………………… 59、60
エクササイズ ……… 85、86、88、92、94
エピゲノム …………………………… 96
エピゲノム制御 ……………………… 96
炎症性因子 …………………………… 12
炎症反応 ……………………………… 30
塩類泉 ………………………………… 70
黄体刺激ホルモン ………………… 113
横紋筋 ………………………………… 86
オキシトシン ……………………… 105
オステオカイン ……………………… 93
オステオカルシン …………………… 93
オメガ脂肪酸 ………………………… 38
オルリスタット ……………………… 48
オレストラ …………………………… 49
温泉 ……………………………… 68、69

温熱刺激 ……………………………… 78

か

概日リズム ………………………… 123
概日リズム性睡眠障害 …………… 126
カイロミクロン ………………… 35、41
顔の老化 ……………………………… 2
香り ………………………………… 123
角化 …………………………………… 7
角化細胞 ……………………………… 7
角層細胞 ……………………………… 7
角層の透明度 ………………………… 81
下垂 …………………………………… 2
褐色化 …………………………… 90、92、95
褐色脂肪細胞 ………………………… 91
活性酸素 ……………………………… 30
カフェイン ……………………… 118、129
カプサイシン ………………………… 80
カプリル酸 …………………………… 41
カプリン酸 …………………………… 41
カプレニン …………………………… 51
カプロン酸 …………………………… 41
顆粒層 ………………………………… 7
感覚受容器 ………………………… 101
眼頬溝 ………………………………… 3
汗腺 ………………………………… 11
乾燥 ……………………………… 6、20
乾燥の防止 …………………………… 18
寒冷刺激 ……………………………… 92
機械的な刺激 ………………………… 99
季節性感情障害 …………………… 125
喫煙 ………………………………… 118
基底膜 ………………………………… 7
機能性アミノ酸 ……………………… 32
機能性タンパク質 …………………… 28
機能性表示食品 ………………… 59、60
機能性ペプチド ……………………… 30
キメ …………………………………… 6
吸収阻害 ……………………………… 48
急速眼球運動 ……………………… 112
共役リノール酸 ………………… 46、48
共役リノレン酸 ……………………… 48
筋線維 ………………………………… 86
菌叢 …………………………………… 28

142

筋紡錘	107	軸索	104
グラム陰性菌	28	視交叉上核	124
グリセロール	35	膝蓋腱反射	108
グルカゴン	129	シフトワーカー	130
グルカゴン様ペプチド-1	40、89	脂肪細胞	80
グルコーストランスポーター4	40	脂肪酸	35
グルココルチコイド	82	脂肪酸の代謝	48
グルタメート受容体	122	脂肪代謝	41
グレリン	114	ジャンプトレーニング	94
血糖値	20、54	周囲の硬さ	100
ケラチン線維	7、109	自由継続型	126
高温泉	69	自由神経終末	103
光学異性体	33	小糖類	52
交感神経	130	食物繊維	52、54
咬合筋	10	シワ	2、31
抗酸化剤	18	心筋	86
恒常性の維持	6	伸張反射	107
高照度光療法	129	真皮	5
鉱泉	69	真皮の空洞化現象	15
コーニファイドエンベロップ	7	心理的効果	65
糊化	56	随意筋	86
骨格筋	86	睡眠慣性	120
骨芽細胞	93	睡眠時無呼吸症候群	118
コマーノスパ	75	睡眠徐波	112
コラーゲン	9	睡眠相後退型	126
コラーゲンペプチド	30	睡眠相前進型	126
ゴルジ腱器官	108	スタティックストレッチ	108
コルチゾール	82、104、113、130	ステロイドホルモン	34
		ストレス	82、105、130
さ		ストレッサー	82
サーカディアンリズム	123	ストレッチ	106
サーチュイン	95	生活環境	19
サイトカイン	12	生活習慣	19
細胞外マトリックス	9	生活習慣病	19、20
細胞間脂質	7、19	静水圧	77
酢酸	43、57	生体界面活性剤	30
サラトリム	49	生体内で合成できないアミノ酸	25
酸化的リン酸化	87、88	成長ホルモン	113
サンスクリーン	20	生物時計	124
散乱剤	18	成分的効果	65
幸せホルモン	105	赤筋	86
死海	75	石鹸	67
紫外線	12、18、20、30	セラミド	7
紫外線吸収剤	18	セルライト	30

143

索引

セロトニン……………………………… 104
線維芽細胞……………………………… 9
泉質別適応症…………………………… 70
速筋……………………………………… 86
ソホロ脂質……………………………… 30

た

ターンオーバー………………………… 7
代替脂肪………………………………… 51
体内時計………………………………… 124
脱核……………………………………… 7
脱共役タンパク質 UCP1 ……………… 91
多糖類…………………………………… 52
たるみ…………………………………… 2
短鎖脂肪酸……………………… 43、57
単純温泉………………………………… 70
炭水化物………………………………… 52
単糖類…………………………………… 52
タンパク質……………………………… 24
タンパク質最終糖化生成物…………… 14
タンパク質の吸収……………………… 24
タンパク質の糖化……………………… 14
弾力線維………………………………… 9
チアゾリジン誘導体…………………… 92
遅筋…………………………………86、87
中鎖脂肪酸……………………………… 41
中枢時計………………………………… 124
中性脂肪………………………………… 35
長寿遺伝子……………………………… 95
腸内細菌………………………… 43、54
通常熱ショック因子…………………… 78
テアニン………………………………… 122
低温泉…………………………………… 69
転地効果………………………………… 65
天然保湿因子…………………………… 7
デンプン性多糖類……………………… 52
糖化……………………………… 14、20
同調……………………………………… 128
特殊成分を含む療養泉………………… 70
特定保健用食品………………… 59、60
トクホ…………………………… 59、60
時計遺伝子……………………………… 127
ドコサヘキサエン酸…………………… 40
トランス脂肪酸………………………… 45

トリアシルグリセロール……………… 35
トリップ受容体………………………… 79
トリプトファン………………… 121、129

な

内部反射光……………………………… 82
難消化性炭水化物……………………… 53
難消化性デキストリン………………… 58
ニコチンアミドアデニンジヌクレオチド … 96
日照時間………………………………… 125
二糖類…………………………… 52、58
日本人の食事摂取基準（2015年版）…… 26
乳酸菌…………………………………… 28
乳汁分泌ホルモン……………………… 113
乳頭構造………………………………… 9
乳頭層…………………………………… 9
脳下垂体………………………………… 82
脳下垂体前葉…………………………… 113
ノルアドレナリン……………… 104、130
ノンレム睡眠…………………………… 112

は

白色脂肪細胞…………………………… 91
バクセン酸……………………………… 46
パチニ小体……………………………… 102
白筋……………………………………… 86
場の硬さ………………………………… 101
バリア機能……………………… 6、76
ヒアルロン酸…………………… 9、19
ヒートショックプロテイン…………… 78
皮下脂肪層……………………………… 9
皮下脂肪の増加………………………… 20
皮下組織………………………………… 5
皮丘……………………………………… 6
皮溝……………………………………… 6
皮脂腺…………………………………… 11
ビタミン………………………… 34、60
必須アミノ酸…………………………… 25
必須脂肪酸……………………………… 35
非デンプン性多糖類…………………… 52
ビフィズス菌…………………………… 43
皮膚が乾燥する過程…………………… 81
皮膚の機能……………………………… 6
皮膚の構造……………………………… 5

皮膚の透明感……………………………81	ミント………………………………………80
被膜剤………………………………………66	無酸素運動………………………86、88、89
肥満…………………………………17、20	メカニカルな刺激…………………………99
表情……………………………………………3	メカノセンサー……………………………100
表情筋………………5、10、17、108、109	メカノセンシング…………………………100
表皮……………………………………………5	メチル化……………………………………96
昼寝…………………………………………120	メラトニン………………113、121、129
副腎皮質刺激ホルモン……………………82	メラノプシン………………………………128
副腎皮質刺激ホルモン放出ホルモン……82	メルケル盤…………………………………102
不随意筋……………………………………86	免疫…………………………………………32
付属器官……………………………………11	網状層…………………………………………9
物理的効果…………………………………65	毛包…………………………………………11
物理的な刺激………………………………76	門脈…………………………………27、41
不飽和脂肪酸………………………………38	
ブルーラグーン……………………………76	**や**
プロピオン酸…………………………43、57	有棘層…………………………………………7
プロラクチン………………………………113	有酸素運動……………………………86、88
分化……………………………………………7	輸送体………………………………………54
分岐鎖アミノ酸……………………………32	
平滑筋………………………………………86	**ら**
閉塞剤………………………………………18	酪酸……………………………………43、57
ベージュ脂肪細胞……………………91、92	酪酸菌………………………………………43
ペパーミント………………………………123	ラクトフェリン……………………………28
ほうれい線……………………………………3	ラジウム温泉………………………………73
飽和脂肪酸…………………………………38	ラジカル……………………………………18
ボグリボース………………………………58	ラドン温泉…………………………………73
保健機能食品………………………………59	ラベンダー…………………………………123
保湿…………………………………………20	リノール酸…………………………………35
保湿剤…………………………………18、66	リポカリン2………………………………93
ボツリヌス菌………………………………109	リポタンパク質リパーゼ…………………37
ボツリヌストキシン………………………109	硫化水素泉塩………………………………67
ホルミシス効果……………………………72	硫酸塩泉……………………………………67
ホルモン分泌………………………………105	療養泉………………………………………70
	リンによる老化……………………………94
ま	ルフィニ小体………………………………102
マイオカイン……………………………86、89	ルミナコイド…………………………55、56
マイスナー小体……………………………102	冷鉱泉………………………………………69
マッサージ…………………………………98	レジスタンストレーニング………89、94
末梢時計……………………………………124	レジスタントスターチ………………54、55
マトリックスメタロプロティナーゼ1…13	レスベラトロール…………………96、129
マリオネットライン…………………………3	レチノール…………………………………19
ミエリン鞘…………………………………104	レプチン……………………………………114
ミオグロビン………………………………88	レム睡眠……………………………………112
ミネラル……………………………………60	老化…………………………………………56

145

[著者紹介]

江連 智暢（えづれ　とものぶ）
株式会社資生堂　ライフサイエンス研究センター主任研究員
1990年4月入社。入社以来一貫してアンチエイジング領域の研究開発に従事。皮膚科学研究を基点に体系的なアンチエイジング理論を生み出し、多くの主力製品を開発。化粧品技術者の世界大会（IFSCC）で世界初の2大会連続で最優秀賞を獲得したほか、皮膚科学の国際学会、日本美容皮膚科学会、日本結合組織学会などの専門学会でも受賞。日本粧業会から功労賞を受賞。同社の研究開発の最先端で活動中。博士（農学）。著書：『顔の老化のメカニズム　たるみとシワの仕組みを解明する』（日刊工業新聞社　2017）、『周りはあなたの老化に気づいています「他人目線」でたるみケア』（講談社　2017）

あたらしいアンチエイジングスキンケア
食事、入浴、運動、睡眠からのアプローチ

NDC576

2018年9月25日　初版1刷発行

定価はカバーに表示されております。

Ⓒ著　者　　江　連　智　暢
　発行者　　井　水　治　博
　発行所　　日刊工業新聞社

〒103-8548　東京都中央区日本橋小網町14-1
電　話　　書籍編集部　　03-5644-7490
　　　　　販売・管理部　03-5644-7410
　　　　　FAX　　　　　03-5644-7400
振替口座　00190-2-186076
URL　　　http://pub.nikkan.co.jp/
e-mail　　info@media.nikkan.co.jp

印刷・製本　新日本印刷(株)

落丁・乱丁本はお取り替えいたします。　　2018 Printed in Japan
ISBN 978-4-526-07875-0　C3050

本書の無断複写は、著作権法上の例外を除き、禁じられています。